지은이

이민경

20년차 에디터이자 작가, 다양한 브랜드의 콘텐츠
디렉터로 활동 중이다.
패션 잡지 기자로 커리어를 시작해 현재는
라이프스타일과 식문화, 예술, 건축 등으로 확장,
글과 비주얼을 넘나들며 작업하고 있다.
어린 시절, 가족과 홍콩에서 살며 다국적 음식을
접했고 요리의 달인인 엄마의 영향으로 자연스레
요리를 좋아하게 됐다. 일본에 살며 다양한 동서양
요리를 즐겼고, 이때 본격적인 생활 요리인이 되어
집밥의 매력에 빠졌다.
파인 다이닝부터 대중적인 식당, 보통의 집밥까지
세상의 모든 요리를 사랑하고 탐구하는 걸 즐긴다.
오늘도 더 잘 먹기 위해 일하고, 더 오래 마시기 위해
운동한다.

cover photo **장수인**
design **형태와내용사이**

식탁의 장면들

식탁의 장면들

식탁의 장면들

이민경 지음

Spring ⁝ Summer ⁝ Autumn ⁝ Winter

한스미디어

JUDY BERTRAM'S MAGIC
RECIPES
for the
ELECTRIC BLENDR

부엌에
서서

어제 저녁 외출했다가 집에 돌아오니 현관 앞에 산타클로스가
놓고 간 선물처럼 엄마의 나물 바구니가 놓여 있었다. 바구니를
풀었더니 정월 대보름을 맞아 만든 아홉 가지 나물이 담겨 있었다.
잘 받았다며 전화로 화답하니, 엄마는 이렇게 말하는 것이었다. "응
그래. 비빔밥 해 먹기 전에 나물 하나씩 꼭 따로 맛보렴. 하나하나
맛과 풍미가 다르거든. 그 맛을 알아가는 게 재미야."
엄마는 언제나 이런 식이다. 어린 시절 식탁에는 늘 싱싱한 꽃이
놓여 있었고, 엄마는 죽은 식물도 살리는 타고난 식물 집사이기도
했다. 아침에 일어나면 부엌에는 보글보글 찌개가 끓고 있어서,
우리 가족은 매일 맛있는 냄새로 하루를 시작했다. 표현은 서툴고
무뚝뚝한 엄마였지만 당신의 사랑은 음식으로, 아늑하고 온화한

집의 풍경으로 치환되었다. 그 덕분일까, 나는 먹는 것에 민감한
사람으로 자랐다.

내 손으로 처음 요리를 하기 시작한 것은 16세 때, 홍콩에 살던
영국 학교 시절이었다. 가정 시간(home economics)에 오븐을 다루며
잉글리시 스콘과 애플파이 등 다양한 음식을 만들었다. 그때부터
요리는 마치 종이에 물이 스며들듯 천천히 나의 일상 안으로
들어왔다. 나는 문학만큼이나 화학도 좋아했는데, 특히 실험실에서
실험을 할 때 희열을 느꼈다. 서로 다른 물질을 섞고 끓이고, 거른
후 결과물을 확인하는 작업 그리고 실험실 노트에 보고서를 쓰는
시간이 어찌나 재밌던지. 그때 나는 요리가 화학과 비슷하다는
생각을 했다. 불과 물, 온도 등 외부 조건에 따라 미세하게 달라지는
결과는 짜릿했고, 예측할 수 없는 우연성도 마음에 들었다. 나의
의지와 정성을 집중해 만드는 '창조적인 작업'에 애정을 갖게 된
것은 모두 그 시절의 소중한 경험 덕분이다. 당시 중국 음식을
비롯한 다양한 동서양 음식을 접하고, 시간 날 때마다 서점에서
요리 서적을 뒤져 보며 아름다운 비주얼과 플레이팅에 마음을
곧잘 빼앗기던 그때 그 소녀는 어느덧 패션 잡지의 에디터가 되어
오랫동안 일을 했고, 삶이 그렇게 흘러가는 줄 알았다. 일본에 살기
전까지는 말이다.

어느 날 남편의 해외 발령으로 도쿄에 이주해 살았던 지난 6년은 내

미식 세계에 커다란 터닝 포인트가 돼주었다. 일본 요리는 기본이요
다른 나라의 음식을 다루더라도 지역별, 스타일별로 각기 다르게
파고 들어가는 일본의 미식에 흠뻑 빠진 나는 때론 즐겁게, 때론
치열하고 집요하게 먹고 마셨으며, 집에 돌아오면 밖에서 접한
요리와 그리운 엄마의 요리를 재현해보는 새로운 취미를 만들었다.
그러면서 패션이나 디자인이 그러하듯 음식도 그 음식이 발달되고
형성되어온 배경과 맥락, 문화의 관점에서 이해해야 한다는 사실을
자연스레 터득하게 됐다. 일본의 전설적인 요리 대가 로산진은 내게
재료를 바라보는 관점, 요리를 대하는 마음가짐을 되새겨주었다.
그런가 하면 오픈 주방을 통해 요리하는 일본인 셰프들은 나의
살아 있는 요리 선생님이었다. 나는 그들과 적극적으로 소통하며,
자잘한 요리 방법이나 기술 뿐 아니라 요리를 향한 진심과 자세를
배웠다.

일본 식당에서는 대체로 웃고 있는 셰프들이 대다수다. 부엌에 선
그들의 얼굴은 자신이 하는 일에 대한 자부심으로 빛이 난다. 평소
일할 때 책임감과 의무감 못지 않게 즐거움이 가장 큰 힘이라고
믿었던 내게, 그들의 환한 표정은 내 생각이 결코 틀리지 않았다는
확신과 감동을 주었다. 그들의 웃음소리가 기분 좋은 환대와
식당의 분위기로 이어지면, 어느새 내 앞에 놓인 음식은 몇 배
더 맛있어졌다. 그러한 경험을 몸 속에 차곡차곡 쌓아가며 나는
집으로 돌아와 열심히 요리했고, 그 힘으로 어려웠던 팬데믹의

시간을 무사히 통과했다. 물론 한국에 돌아와 조우한 열정적인 셰프들, 동네 맛집 식당의 주인들도 나의 맛 감각을 넓혀준 고마운 사람들이다. 넷플릭스 프로그램 〈흑백 요리사〉의 셰프들은 또 어떤가. 요리를 넘어 자신이 맡은 역할에 열과 성의, 진정성을 보여준 그들은 내게 모두 위너(winner)였다.

이 책에 실린 나의 요리 이야기는 화려하거나 특별하지 않다. 그저 대한민국에서 태어나 요리를 좋아하는 마음으로 평범하게 만들고 짓고 먹어온 기록이다. 배달 음식과 간편한 대체식 혹은 밀키트가 우리의 식탁을 점령하는 시대, 누군가는 이러한 요리 에세이의 존재를 시대착오적이라 말할지도 모르지만, 나는 잘 먹고 잘 마시는 일이야말로 어지럽고 복잡한 세상 속에서 우리를 지탱해주는 가장 안전한 길이라고 생각한다. 나는 여전히 마트에 가는 것을 즐기는 아날로그 요리인이다. 제철 식재료를 직접 눈으로, 향으로, 손으로 고르고 요리하는 수고로움은 계절의 감각을 몸으로 체득하는 삶의 크나큰 즐거움이요, 자연에 대한 감사함을 느끼는 방법이자 세상을 향한 사랑의 표현이라고 믿는다.

특히 요리를 하며 세상에 당연한 것은 없다는 진리를 깨닫는다. 요리를 하다 보면 바다를 힘차게 헤엄치는 물고기, 농부의 살뜰한 보살핌과 자비로운 햇살을 받아 영글어 가는 과일과 혹독한 겨울에 기죽지 않고 봄을 준비하는 기운찬 채소들의 에너지에 새삼 감사한

마음을 갖게 된다. 풍요로운 자연의 산물 덕분에 오늘도 건강히
살아 있다는 실감을 더욱 크게 느끼게 되고, 덩달아 우리 삶도
더 크고 값지게 느껴진다. 요리하는 삶은 유명 셰프만이 할 수
있는 어렵고 거창한 것이 아니라 나의 마음과 몸을 돌보는 소박한
첫걸음임을, 나는 이 작은 책을 통해 전하고 싶다. 요리란 자신만의
삶을 살뜰하게 굽고, 정성스레 삶고, 뭉근하게 익히는 과정이라는
걸 말하고 싶다. 무엇보다 세상의 귀하고 소중한 것들은 절대로 한
순간에 만들어질 수 없다는 걸, 그것들은 대체로 말이 없고, 인내와
시간, 정성으로 천천히 발효되는 것이라는 걸 말하고 싶다.

나는 오늘도 아일랜드 식탁에 서서 음식을 만든다. 오로지 나와
재료, 그리고 요리의 시간. "잘 부탁해!" 재료에게 작은 소리로
외치고는 우리들만의 우당탕탕, 즐거운 대화를 시작한다. 눈앞의
와인을 홀짝홀짝 곁들이면서.

서울과 도쿄에서,
이민경

Contents

Spring

Summer

Autumn

Winter

Spring

봄
____

봄 마중

나의 작은
봄나물 플레이트

생각해보면 나는 봄을 그다지 좋아하지 않았다. 정확히 말하면
초봄이다. 겨우내 추위를 버티며 오래 고대해왔던 계절이건만 봄은
늘 보기 좋게 뒤통수를 쳤다. 기분 좋은 봄바람에 지겨운 코트를
벗어 던지고 의기양양 재킷을 입고 나가면, 바람은 어느새 '너 한번
잘 걸렸다!'라는 심산으로 매서운 칼이 되어 허전한 목과 어깨를
강타하기 일쑤였다. 마치 앞뒤가 다른 사람 같달까, 얄궂은 봄은
온탕과 냉탕을 오가는 꽃샘추위로 나의 컨디션을 오락가락하게
만들곤 했다.

그럴 때는 봄나물을 먹었다. 꽁꽁 얼었던 땅을 헤치고 나와 싹을
틔운 나물에는 향긋하고 쌉싸름한 봄 냄새가 가득 담겨 있었다.

그것은 혹독한 추위를 견딘 것만이 지닐 수 있는, 어떤 착실함의
소산이었고 나는 겨우내 농축된 그 정직한 영양을 몸 안에 그대로
들이고 싶었다. 봄나물에는 음식 이상의 신성한 기운이 그득하다.
세상의 모든 풋풋하고 여린 것들은 가장 큰 가능성을 가진 존재가
아닐까. 흙 냄새, 숲의 향, 깊은 겨울의 정령이 오롯이 응축된 것만
같은 귀한 존재들…. 나는 어쩌면 한없이 약해 보이지만 사실은
누구보다 강한 그 눈부신 생명력을 닮고 싶었는지도 모른다. 그런
의미에서 작은 것은 크다.

얼마 전에는 춘분(낮과 밤의 길이가 같아지는 날)을 맞아 봄나물
플레이트를 구성했다. 우리 조상들은 춘분이 오면 봄 보리를 갈고
이른 봄의 싹이 트기 전에 땅을 갈아엎어 일 년 농사를 위한 준비를
마쳤다고 한다. 이날은 겨우내 부족했던 영양소를 보충하기 위해
쑥과 냉이, 달래 같은 봄나물을 먹으면서 건강을 챙겼다고. 밭을
일구는 농사는 아니지만 나도 글 농사를 짓고 있으니 다른 의미의
농부인 건 매한가지다. 눈앞의 봄을 먹고 나면 집 앞의 목련나무
꽃잎이 바닥에 후두둑 떨어져 있을 것이다. 봄은 생각보다 빠르게
흘러간다.

유채나물 샐러드(p.31): '겨울초'라고 불리는 유채나물은 다양한 비타민과 미네랄을 가득 품고 있다. 제철 친구인 금귤과 참 잘 어울리는 한 쌍. 별다른 레시피가 필요 없다. 유자청에 레몬즙 살짝, 올리브오일, 소금과 후추로 마무리한다. 서촌 골목에서 노점상을 운영하는 할머니에게 4천 원에 산 금귤인데, 맛이 기가 막혔다.

냉이 된장국(p.31): 무슨 말이 필요할까. 봄 식탁에 은은한 냉이 된장국은 화룡점정! 멸치 육수에 표고버섯과 무를 넣어 끓인 후 된장을 풀고 손질한 냉이를 넣어준다. 다시물을 만들 때 무를 함께 넣어주면 자연스러운 단맛이 냉이와 잘 어우러진다.

달래 & 참나물 주먹밥(왼쪽): 달래장 해 먹고 남은 달래와 참나물을 데쳐서 들기름, 소금, 간장을 넣고 밥과 조물조물. 조금 신경 쓰는 요리를 할 때 나는 대만 홍간장을 쓰는데, 간장 특유의 쨍한 맛이 덜하고 부드러워서 좋다. 마지막 남은 오니기리에는 팬지 꽃을 달아주었다.

봄나물 튀김(오른쪽): 냉이, 두릅, 머위꽃 같은 봄의 식재료는 튀김가루보다는 전분물에 가볍게 튀기는 걸 좋아한다. 그래야 바삭바삭한 봄 향이 그대로 살아난다. 재료를 전분물에 살짝 담근 후 마치 오니기리 밥을 쥘 때처럼 공기 반, 손맛 반으로 살살 튀길 것.

요리를 대하는
마음가짐

일본에서 지내며 요리에 대한 나의 애티튜드가 바뀐 결정적 계기가
있었다. 영화 〈앙: 단팥 인생 이야기〉를 본 다음부터다. 영화는
어느 도라야키 가게의 주인 센타로에게 아르바이트를 하고 싶다며
다가오는 도쿠에 할머니의 모습으로 시작된다. 도쿠에는 센타로에게
자신의 팥소 만드는 방법을 전수하며, 그 과정을 통해 인생에서 받은
상처를 서로가 보듬고 교감한다는 내용이다.

영화는 도쿠에 할머니가 팥소를 만드는 장면에 꽤 많은 분량을
할애하는데, 여기서 하는 말들이 나에게 잔잔하고 깊은 울림을
주었다. 센타로가 단팥 만드는 과정이 복잡하다고 하자 도쿠에는
이렇게 말한다. "극진히 모셔야 하니까. 힘들게 와줬으니까, 밭에서
여기까지." 팥에 있는 떫은맛을 천천히 물에 흘려 보내고 당분을

넣은 다음, 자리에 앉으며 도쿠에는 말한다. "갑자기 끓이는 건 실례잖아. 당분과 친해질 동안 기다려줘야지. 이를테면 맞선 같은 거야. 뒷일은 젊은 남녀에게 맡기면 돼." 팥을 하나의 소중한 생명체로 다루며 연신 대화를 하고 만드는 정성 그리고 재료의 말에 귀를 기울이고 충분히 시간을 들여 마음을 다하는 일. 그것이 진짜 요리라는 걸, 영화를 보며 느꼈다. 그 후로 나는 '일본의 부엌'을 더욱 유심히 지켜보게 됐다. 주방이 훤히 들여다 보이는 작은 가게에서 요리사들이 재료를 대하는 정성스러운 손길, 국자로 거대한 냄비를 휘젓는 모양, 맛을 보는 표정, 직원과 짧은 대화를 나누는 시간 같은 무심코 지나칠 법한 순간들…. 진지하고 투명한 열정이 스민 공간에서 만들어지는 음식에 진정한 맛이 깃들지 않을 수는 없는 일이었다.

나 역시 주방에서 당근을 썰고 고기를 손질할 때면 어느 순간 영화 속 팥소 만드는 장면이 저절로 오버랩되곤 했다. 꽈리고추 멸치볶음을 만들 때는, 꽈리고추가 입을 열고 소스를 받아들일 때까지 불을 최대한 낮추고 안 보이는 데서 조금 기다려준다. 제육볶음을 만들 때는 고기가 빨간 소스와 하나가 되는 순간을 눈으로 확인할 때 가장 짜릿하다. 볶음 요리를 하다 보면 소스의 색이 어느 순간 확 바뀌며 모든 재료에 맛이 스미는 '그때'가 오는데, 이것이 직접 요리를 하는 자만이 느낄 수 있는 은밀한 기쁨임을 깨닫게 됐다. 부엌에는 그저 나와 불 앞의 음식뿐. 재료들이 '저는

이제 다 됐다고요!' 하고 손을 들어 외치는 것도 아닌데 나는
본능적인, 지극히 동물적인 감각으로 '앗! 이때다!' 하며 요리가
막바지에 이르렀음을 알게 된다. 사람 사이의 화학 작용도 어쩌면
이와 비슷하지 않을까, 매번 볶음 요리의 마지막 간을 볼 때마다
생각한다. 서로가 서로에게 스며드는 딱 그때의 그 느낌이 이런 게
아닐까 하고.

어느 무더운 여름날, 문득 엄마의 동치미가 먹고 싶어서 엄마가
메모지에 적어둔 동치미 레시피를 문자로 받은 적이 있다. 거기에는
'적당히'라는 말이 몇 번이나 적혀 있었는데 그것은 과정마다 맛을
직접 보면서 내 입맛에 맞는 답을 찾아내보라는 주문 같았다.
정답은 내 혀에 있으니까. 소금으로 마지막 간을 완성하고 뚜껑을
닫으면서, 이제 내 혀의 감각을 오롯이 믿어야 하는 순간이 왔구나
생각했다.
언젠가 신문에서 인상깊게 읽은 셰프 사민 노스랏의 인터뷰 기사가
떠오른다.《소금 지방 산 열》이라는 요리의 기본 원리를 다룬
책을 낸 그녀는 기사에서 레시피에 의존하지 말라고 사람들에게
조언했다. "어떤 레시피도 완벽할 수가 없어요. (중략) 사람들은
레시피대로 했는데 완벽한 결과가 나오지 않으면 자신이 뭔가
실수를 했다고 생각하지만 사실은 자기 몸과 감각을 믿고 요리에
집중하지 않은 것이 진짜 실수예요. 요리할 때는 항상 맛을 봐야
합니다. 냄새를 맡고, 귀를 기울이고, 지금 만들고 있는 음식에

집중해야 하죠.”

엄마가 자주 쓰던 단어 ‘적당히’의 의미를 제대로 알게 되기까지
그리 오랜 시간이 걸리지 않았다. 코로나로 인해 매일매일 집에서
요리를 하게 되면서부터였다. 요리는 레시피가 아니라 내 혀의
감각이라는 것. 그러니 많이 먹어보고 느끼고 내가 좋아하는 맛을
찾아가는 여정이 바로 요리의 본질이라는 것을 깨닫게 된 것이다.
언젠가부터 부엌에 들어가 그날의 재료 앞에 서면, 나도 모르게 ‘잘
부탁해!’를 주문처럼 외치게 된다. 얼마 전까지 바다를 헤엄쳤을 생선
앞에서는 어쩐지 더욱 경건한 마음이 든다. 생선이 지나왔을 날들을
상상하며, 도쿠에 할머니처럼 어떤 바람을 타고 생선이 먼 바다에서
여기까지 왔는지, 저마다의 식재료에 담긴 긴 여행 이야기에 귀를
기울여본다. 그리고 그것을 천천히 내 본능과 손, 혀의 감각에
태워보는 것이다. 그렇게 매일 부엌에서, 즐겁고 고단한 항해를
시작한다.

봄의 비빔밥

봄에는 비빔밥을 먹는다. 사실 비빔밥은 만드는 데 꽤 시간이 오래
걸리는 음식 중 하나인데, 녹록치 않은 그 과정을 대략 설명하면
이렇다. 건나물은 가볍게 흐르는 물에 두세 번 헹궈 먼지를 턴 후
3시간 정도 물에 담가 불린다. 그후 팔팔 끓는 물에 넣고 20~30분
정도 삶는 과정을 거친다. 삶은 나물은 다시 물에 담가서 2~3시간쯤
그대로 두어야 한다. 그러고 나서 물기를 적당히 손으로 짠 후
간장, 다진 마늘, 들기름에 잠시 재운다. 프라이팬에 나물을 살짝
볶을 때는 미리 만들어둔 다시물을 넣어 감칠맛을 끌어올려야
한다. 마지막으로 소금 간을 마친 후에야 우리가 아는 나물 반찬이
보들보들, 탱탱한 모습으로 식탁에 오를 준비를 마친다. 길고 지난한
과정이다.

어릴 때부터 엄마의 밥상에 올라왔던 수많은 나물 반찬이 이렇게
긴 시간과 정성을 듬뿍 담아 만들어졌다는 걸 요즘 부엌에서
절절히 느끼고 있다. 부엌과 거실을 채운 나물 볶는 냄새가 익숙한
엄마 냄새였다는 걸 안 지는 불과 몇 년이 되지 않았다. 과거
엄마들이 집에 있는 대부분의 시간을 부엌에서 보낼 수밖에 없었던
것은 한국의 밥상에 오르는 반찬이 대부분 손이 무척 많이 가는
음식들이었기 때문이다. 일본에 살아본 후 한 가지 분명하게 말할
수 있는 건 한국 음식은 일본 음식보다 대체로 더 복잡하고 긴
조리 과정을 거친다는 것이다. 여기에 '손맛'이라는 우리나라 특유의
마법 같은 기술까지 더해져야 하니, 한국의 맛이란 실로 까다롭고도
복합적이다. 그리고 나는 이 손맛의 백미가 나물에 있다고 생각한다.

살면서 셀 수 없이 많은 나물과 비빔밥을 먹었다. 모르긴 몰라도
우리 몸 안의 뼈, 근육, 오장육부의 건강함에서 비빔밥과 나물이
차지하는 비중은 상당할 것이다. 비빔밥은 제사와 품앗이 문화
등에서 비롯된 우리나라의 대표 음식이다. 그릇 속 재료들을
야무지게 골고루 비벼야 느낄 수 있는 이 독보적인 향과 맛은
단순한 음식을 넘어 조화로운 삶을 예찬한 우리 선조들의 삶의
방식이기도 하다. 각각의 나물은 고유한 풍미와 목소리를 내면서도,
달콤매콤한 고추장과 고소한 참기름을 만나 일동단결하여 향긋한
땅의 노래를 완성한다.

우리나라에 비빔밥이 있다면 일본에는 치라시즈시(ちらし寿司)가 있다. 나는 봄이 되면 으레 잘게 썬 생선회와 달걀 부침, 채소 등의 고명을 얹은 초밥인 치라시즈시를 만들어 먹곤 했다. '치라시' 즉, '흩뿌린다'는 뜻을 가진 이 음식을 한 마디로 표현하면 '흩뿌림 초밥'이다. 회가 올라간 밥이라고 하니 왠지 우리나라의 회덮밥과 비슷하게 느껴지지만, 한국의 비빔밥과 일본의 치라시즈시는 꽤 닮은 음식이다. 치라시즈시는 매년 3월 3일, 여자 아이들의 날인 '히나마츠리'에 먹는 음식으로도 잘 알려져 있는데, 색과 모양이 화사해서 축제나 생일 등 축하할 일이 있는 특별한 날에 주로 먹는다. 간장이나 설탕, 맛술, 식초 등으로 재료를 하나하나 따로 간을 해서 준비해야 하기 때문에 일본 음식 중에서도 만들기 꽤 까다로운 편에 속한다. 그래서 마치 비빔밥처럼 치라시즈시 역시 평소에 손쉽게 만들 엄두가 나지 않는 건지도 모르겠다.

도쿄에서 내가 제일 좋아하는 치라시즈시는 두 가지가 있는데, 하나는 롯폰기에 위치한 국제문화회관의 티 라운지에서 먹는 봄맞이 치라시즈시다. 일본 건축계의 거장 마에카와 쿠니오와 사카쿠라 준조, 요시무라 준조가 공동 설계한 건물에서 단정한 근대식 정원을 바라보며 먹는 초밥에는 뭐랄까, 초밥 이상의 서정이 있다. 온몸으로 생동하는 봄의 환희를 경험하는 느낌이랄까. 오색 빛깔 생선과 고명을 한입 가득 넣고 오물대고 있자면, 무라카미 하루키가 저서 《저녁 무렵에 면도하기》에서 쓴

것처럼 "치라시즈시에는 스타일이나 도덕을 넘은 신기한 마력이
있다."는 표현을 실감하게 된다. 입안에 바다, 꽃, 땅의 기운과 향이
누가 먼저랄 것도 없이 넘실댄다. 맑은 장국과 디저트까지 먹은
다음 밖으로 나가 정원을 산책하면 봄바람이 몸 안을 살랑살랑
간지럽힌다. 이때의 봄은 비빔밥의 그것보단 가볍게 날리는 봄이다.
하늘 위를 나는 해사한 벚꽃 잎 같은 그런 봄.
신선한 바다 향을 진하게 느끼고 싶을 때는 요츠야의 '스시쇼'로
향한다. 정통 스시집이지만 점심 한정으로 '바라 치라시즈시'를 먹을
수 있는데, 이렇게 풍성하고 조화로우며 꽉 찬 맛이 또 드물어서
한번 먹으면 잊을 수 없는 맛이다. 조개가 들어간 맑은 국과 진한
녹차, 이 모든 것을 담은 초록색 서빙용 쟁반이 하나의 작품처럼
다가온다.

이러한 맛을 집에서 재현해보고 싶다면 마치 요가를 하기 전
마음을 다스리듯 먼저 심호흡을 길게 해야 한다. 각종 식재료를
정리해 아일랜드 식탁이 빠듯할 정도로 가득 펼쳐 놓아야 하니까,
어쩌면 심호흡이 아니라 한숨일지도. 사실 비빔밥도 치라시즈시도
번거로워서 그렇지 어려운 요리는 아니다. 하루키식 표현으로
'번거로운 게 어려운 거'라면, 뭐 할 말은 없지만.
자, 이제 식탁에 잔잔한 레이스 패브릭을 깔고 비빔밥이든
치라시즈시든 정성 들여 만들어서 따뜻할 때 나누어 먹자. 벚꽃
가지를 준비해 작은 낭만도 더해 보기를.
계절은 집 안에서 가장 먼저 피어나는 법이다.

돈가스와
돈지루의 관계성

일본에 살던 시절은 '돈가스의 여정'이라고 해도 과언이 아니다.
카레만큼이나 돈가스를 일상적으로 먹어오기도 했고. 덕분에 나는
유독 돈가스 맛에 까다롭게 됐다. 한국에 돌아와서는 마음에 쏙
드는 돈가스 집을 아직 못 찾은 터라 대부분 집에서 해 먹는 편이다.
돈가스는 일본에서 만들어진 음식이지만 사실 기원을 따지고 보면
서양의 커틀릿(cutlet)에서 유래했다. 생선을 주로 먹었던 일본인이
고기를 먹기 시작한 것은 1800년대 중반 메이지 유신 이후부터다.
당시 일본인들은 수급이 부족했던 얇은 돼지고기를 두들겨 펴고,
튀김옷을 입혀서 기름에 튀겼다. 생각해보면 일본식 튀김(덴푸라)을
고기에 그대로 적용한 셈이다. 그런 의미에서 이 음식은 사회적
산물이기도 하지만, 내게는 일본인의 특성을 가장 상징적으로

보여주는 요리처럼 느껴진다. '남의 것을 받아들이되 철저히
일본화해서 고유의 것으로 만든다'는 일본의 와(和) 사상이
집약적으로 들어간 결정체 같달까. 고로케(프랑스의 크로켓)와
카레라이스(인도의 카레)도 같은 맥락에서 탄생한 요리다.

우리나라에 돈가스가 처음 들어온 시기는 일제강점기로, 1960년대에
들어서며 경양식 레스토랑에 메뉴가 대중적으로 퍼졌다고 한다.
당시 선남선녀의 데이트는 모두 경양식 집에서 이루어졌다고 할
만큼 대유행이었다고. 오늘날에도 종종 쓰이는 '칼질하러 간다'라는
말의 의미는 '경양식 집에 간다'는 뜻에서 확장된 표현이다. 포크와
나이프를 쥐고 우아하게 칼질하며 먹는 경양식은 1990년대에
등장한 패밀리 레스토랑에 주도권을 넘겨주게 됐지만, 추억을
곱씹는 복고풍 가게들은 여전히 살아남았다. 예를 들어 성북동의
'금왕돈까스' 같은 집은 오래오래 남아주었으면 한다. 이곳은
옛날식 돈가스에 곁들이는 반찬으로 귀여운 완두콩과 마카로니
사라다, 풋고추에 된장까지 나온다는 점이 독특하다. 고기를 먹다가
느끼하면 고추에 된장을 찍어먹으라는 제안인데, 한식에서 착안한
이런 발상 자체가 신선해서 웃음이 난다. (이곳에 일본인 친구를 데려가면
어떻게 반응할까!) 단무지보다는 깍두기를 곁들이고, 채 썬 양배추에
케첩과 마요네즈를 섞은 것을 뿌리는 우리식 돈가스에는 역시나
식사를 깔끔하고 시원하게 마무리하는 것을 좋아하는 한국인
특유의 감각이 스며 있다. 서양의 커틀렛에서 시작해 일본의

돈가스로, 그리고 우리나라의 경양식으로 변화하며 오늘날에도
다양하게 변주되는-냉면과 함께 먹는 돈가스 세트는 배달 업계에서
인기 해장 메뉴가 됐다-흥미로운 모습까지, 돈가스가 지닌 위력은
여전히 유효하다.

참고로 돈가스에 대한 나의 기준은 꽤 까다로운 편인데, 내가
좋아하는 돈가스 맛집의 공통점은 대략 이러하다.

1. 신선한 생고기를 쓸 것. 기본 중의 기본이다.
2. 튀김옷은 돈가스의 생명이다. 고기에서 너덜너덜 떨어진
   튀김옷은 NG. 튀김옷이 제대로 붙어 있지 않은 고기란
   대부분 냉동 고기라는 증거다.
3. 겉은 바삭바삭, 속은 꽉 차고 부드러울 것.
4. 등심은 지방 비율이 적절하고 고소하고 부드럽다. 안심은
   보다 담백하고 깔끔한 느낌.
5. 돈지루는 돈가스의 맛을 극대화해주는 비밀 병기.
   돼지고기를 비롯해 무, 우엉, 감자가 들어가 있어야 더 깊은
   맛이 난다.
6. 돈가스와 잘 어울리는 질 좋은 흰쌀밥도 중요하다. 삼킬 새
   없이 꿀떡꿀떡 넘어갈 만큼 은은하게 달고 윤기가 흘러야
   한다.

참고로 돈가스의 맛을 완성할 짝꿍으로 보통 아삭한 식감의 양배추 샐러드를 생각하지만, 나는 돈지루에 더욱 높은 점수를 주고 싶다. 돈지루는 실상 돼지고기가 들어간 미소시루일 뿐인데, 일반 미소시루보다는 더 깊고 독특한 풍미를 가진다. (영화 〈심야식당〉의 유일한 시그니처 메뉴가 돈지루 정식인 것도 간단하지만 어딘가 포근한 맛이기 때문이 아닐까.) 돈지루를 만들 때는 돼지고기, 양파, 무, 당근, 감자, 버섯, 우엉 등을 차례로 넣고 볶다가 다시물을 넣고 푹 끓인 후 마지막에 미소를 풀어 향과 맛을 낸다. 돈지루에는 우엉이 꼭 들어가야 한다는 게 나의 지론이다. 땅과 흙의 기운이 고스란히 밴 채소의 풍만한 단맛은 돈가스의 무게감을 보드랍게 감싸안는다. 평범하지만 없으면 허전한 관계이자 둘이 있어야만 비로소 완성되는 완전한 한 끼. 돈가스와 돈지루의 관계성이란 우리의 허기진 배와 영혼을 채워주는, 소탈하지만 끈끈한 단짝 친구와 같은 것이 아닐까.

가츠산도에 위스키 한 잔

나는 돈가스에서 파생되는 모든 메뉴-특히 가츠동, 김치 나베 돈가스는
추운 날 먹으면 유독 왜 그렇게 맛있는 건지!-를 사랑하지만 가츠산도는
특별한 예외의 영역에 속한다. 맛 좀 아는 어른이 먹는, '동심의 맛'이랄까.
부드러운 식빵이 고기의 두툼한 육즙을 담담하게 감싸고 있는, 단단한
기운이 느껴지는 음식이다.

나는 종종 긴자에서 가츠산도를 먹곤 했다. 그 중에서도 '미야자와'의
가츠산도는 근처 술집에서도 전화 한 통이면 배달되는 독특한 메뉴다.
바에서 혼술을 하던 어느 날, 샌드위치를 배달시키자는 직원들의
이야기를 듣고 이 집을 처음 알게 됐다. 일을 마치고 출출한 마음에 슬쩍
들르면, 도톰하게 금방 튀겨낸 돈가스의 모습에 기분 좋은 포만감이
줄줄 흐른다. 실제로 저녁이 되면 가게에는 배달 요청 전화가 계속해서
들어오는데, 테이블에 앉아 가지런히 랩을 씌워 배달 나가는 음식
퍼레이드를 보는 재미도 쏠쏠하다.

한 가지 더 추천하자면, 긴자의 세련된 노포 바에서 위스키 혹은
마티니와 함께 먹는 가츠산도 조합도 훌륭하다. 믿을 만한 장소에서
하루를 마무리한다는 만족감, 산뜻한 접객 그리고 아름다운 맛이
식도를 타고 흐르면, 그 순간 내가 꽤 괜찮은 사람이 된 것 같은 착각에
빠지게 된다. 사람마다 성공의 기준은 다르겠지만, 누군가 나에게 성공이
무엇인지 묻는다면 나는 '언제든 긴자에서 혼술과 가츠산도를 멋스럽게
즐길 줄 아는 여유'를 꼽지 않을까 싶다.

돈가스

재료

고기 300g	식용유 적당량
소금, 후추 약간	양배추 적당량
달걀 2개	오이 1/3개
밀가루 적당량	토마토 1개
빵가루 적당량	돈가스 소스, 겨자, 와사비, 소금 적당량

만드는 법

1. 고기는 냉장고에서 꺼내어 실온에 잠시 둔다. 고기의 앞뒤 양면을 고기 망치로 두들긴 후 소금과 후추로 간한다.

2. 양배추는 가늘게 채 썰고, 오이는 비스듬하게 썬다. 토마토도 4등분으로 썰어 준비하고 그릇에 미리 세팅해둔다. 달걀은 젓가락을 세워서 잘 풀어준다.

3. 세 개의 바트에 각각 밀가루, 달걀물, 빵가루를 담아 준비한다.

4. 튀김 냄비에 식용유를 붓고 온도를 170도까지 올리는 동안, 밑간한 고기를 밀가루, 달걀, 빵가루 순서로 묻힌다.

5. 준비된 고기를 약 3분간 튀긴다. 중간에 한 번 뒤집어 골고루 익힌다.

6. 색을 본 후 적당한 갈색이 나오면 냄비에서 고기를 건져 빼둔다. 온도를 살짝 낮추어 한 번 더 가볍게 튀겨낸다.

7. 2의 그릇에 튀겨낸 돈가스를 담는다.

8. 돈가스 소스와 겨자, 와사비, 소금 등 원하는 소스를 함께 곁들여 먹는다.

- 맨 처음 할 일은 고기를 냉장고에서 빼두고 밑간을 하는 것이다. 고기에 소금이 미리 들어가야 맛이 좋고 육질도 부드러워진다.
- 고기에 밀가루를 묻힐 때는 최대한 얇게 묻히고 잘 털어내야 한다.
- 빵가루의 경우, 건식과 습식이 있다. 건식을 쓰면 옛날 돈가스의 부드러운 스타일로 완성되며, 습식은 보다 거친 입자로 식감이 살아 있는 맛이 된다. 습식 빵가루의 경우 냉동실에 두었다가 필요할 때마다 사용하기에 좋다.
- 아삭한 식감의 양배추는 산처럼 쌓아 내는 것이 보기에 먹음직스럽다.

엄마의 손

우연히 엄마의 손을 스치듯 보게 될 때면 노신사의 낡은 양복
뒤태에서 보던 반질반질한 윤이 났다. 얼마 전에서야 나는 그 윤기의
정체가, 엄마가 부엌에서 보낸 세월과 풍화의 흔적이었음을 깨닫게
됐다. 거친 파도에 수없이 갈고닦인 조약돌의 매끄러움이 엄마의
주름 가득한 두 손 위에도 빛나고 있었다. 이를 알게 된 계기는
코로나로 인해 나 역시 내 손으로 매끼 요리를 하면서부터다.
우리네 엄마들은 대체 얼마나 긴 시간 동안 부엌에 서서 가족의
끼니를 준비해왔던 걸까. 하루도 손에 물 마를 날이 없었던 엄마는
분홍색 마미손 고무장갑을 끼는 것조차 귀찮아 했다. 쉼 없이
나물을 무치고, 보글보글 찌개를 끓이고, 또 가끔은 세상에서
가장 정성스러운 치즈케이크와 라자냐, 피자를 간식으로 뚝딱

만들어냈다. 그 손은 전천후라서, 어느 깊은 밤에는 희미한 불빛이
새어 나오는 안방에서 TV를 켜놓은 채 우리가 던져놓은 재킷의
떨어진 단추를 달거나 셔츠의 깃을 빳빳하게 다리기도 했다.
어느날 소화가 안 된다고 칭얼대면 엄마는 내 어깨와 등을 쉼 없이
주물러주고, 팔을 한참 쓸어내렸다. 그러다가 내가 잠시 방심한 틈을
타 엄지 아래를 바늘로 톡 하고 따면, 이내 검붉은 피가 솟구치며
속이 편안해졌다. 그렇게 엄마 손은 무엇이든 가능한 약손이었다.

세월이 흐른 지금도 엄마는 주로 부엌에 서 있다. 다만 영원할
것 같았던 두 손의 작고 매운 힘은 온데간데 없이 사그라들었고,
조금이라도 무리를 하는 날엔 손발이 퉁퉁 붓고 만다. 요즘은
무릎이 아프다며 종종 안방 침대에 누워 계시기도 한다. 희한한 건
그때도 꼭 TV 요리 프로그램을 틀어놓고 보고 있다는 사실이다.
돋보기 안경을 쓴 채 뭘 또 그리 열심히 적으면서…
요즘은 찬물에 손을 담글 때마다 엄마의 손에서 흐르던 노곤하고
희미한 윤이 떠오른다. 마술 같은 그 손에서 빚어낸 주옥 같은
요리들을 나는 얼마나 더 많이 먹을 수 있을까. 나는 엄마에게
맛있는 요리를 얼마 만큼이나 보답할 수 있을까. 매끼 겨우 요리를
해내는 나는 엄마의 내공을 언제쯤이나 따라갈 수 있을까.
세월이 흘러도 변하지 않는 사실 중 하나는 세상에서 가장 따뜻한
공간은 부엌이라는 것. 과거에도, 현재에도, 미래에도. 엄마와 나
그리고 우리 모두에게 부디 그러했으면 좋겠다고 생각한다.

함바그

언제였을까, 첫 함바그를 먹었던 날은. 사실 함바그는 대단한 음식이
아니다. 어쩌면 세상에서 가장 흔한 음식 중에서 그나마 돋보이는
요리 가운데 하나일 것이다. 집에서 엄마가 있는 재료로 뚝딱
만들어주는 소박하고 겸손한 가정식. 함바그를 만드는 날에는 집 안
곳곳에 어떤 요리보다 풍부한 향이 넘쳐흐른다. 냄새로 먼저 식욕을
돋우고, 침샘이 폭발할 때쯤 입을 최대한 크게 벌려서 한입 가득
고기를 넣으면 혀 사이로 듬직한 육즙이 터져 나온다.

내가 일본에서 가장 좋아하는 함바그는 신바시에 있는 '퐁네프'의
함바그였다. 점심 시간이 되면 근처 직장인들과 함께 긴 웨이팅
줄에 동참하고 서서 이곳의 클래식 메뉴인 함바그와 나폴리탄

세트를 먹곤 했다. 마치 〈고독한 미식가〉의 고로 상이 옆에 앉아 있을 것 같은 착각 속에서 한 그릇을 뚝딱. 그럴 때면 어딘가에서 엄마의 그리운 부엌 향이 훅 하고 스쳐 지나가는 듯 했다. 그리움의 끄트머리에서 만난 식사의 끝에는 기분 좋은 포만감과 함께 세상이 나른하게 반짝였다. 맛이라는 게 고작 혀끝에서 느껴지고 안개처럼 사라지는 찰나의 감각일 터인데, 이리도 오래되고 아릿한 그리움을 지니고 있을 줄이야.

오래된 경양식 집에서 먹는 함바그의 푸근한 맛도 맛이지만 나는 사실 특유의 왁자지껄한 분위기를 좋아했던 것 같다. 조용한 척, 배려하는 척, 서로 간의 적당한 거리를 유지한 채 숨 죽이고 식사하는 일본 특유의 문화가 가끔은 숨이 막힐 때가 있었다. 밥을 먹을 때만큼은 긴장을 풀고 편히 먹었으면. 고요하고 아름다운 침묵도 좋아하지만 때로는 사람 사는 것 같은 현장감, 도깨비시장 같은 번잡스러운 에너지가 인생에는 필요하지 않나! 생의 확실한 실감, 평등한 존재감을 느끼고 싶을 때면 나는 경양식 집을 찾았다. 그곳에는 나이, 성별, 지위, 명예 등 계급장 다 떼고 굶주린 배를 움켜잡은 채 푸근한 엄마 밥을 기다리는 이들만이 고개를 들고 모여드는 것 같았다. 그들의 얼굴에는 이 간단한 한 그릇 음식을 격식 없이, 눈치 볼 것 없이 먹는 순수한 표정이 묻어났다. 비좁은 테이블에 손님들과 섞여 앉아 있으면, 희끗희끗한 머리카락과 잔주름에 가려진 보통 사람들의 어린 시절을 마주하는 기분이

들었다. 그렇게 생각하면 식당 안의 모두가 친근했다. 우리 모두가, 한 명 한 명이 그렇게 소중하지 않을 수 없었다.

함~바그. 발음할 때 최대한 입을 넓게 벌리게 되는 그런 음식. 나는 함바그를 만들 때마다 그날의 식재료에 따라 채소구이나 채소찜을 곁들이고 나만의 특제 홈메이드 소스도 만든다. 요리에 담긴 만든 이의 성의와 애정은 먹는 사람의 마음에 그대로 전달되니까. 다행히 함바그는 기본만 지키면 만들기 아주 쉬운 음식이라 누구나 할 수 있고, 맛에도 크게 호불호가 없어서 손님 대접용으로도 좋다.

내가 생각하는 함바그 만들기의 포인트는 뭐니뭐니해도 '귀엽게' 만드는 것. 빵을 커다랗게 부풀린 듯한 하얀색 요리사 모자를 쓰고 부엌놀이를 하던 유치원생 시절의 그 마음 그대로 요리를 한다. 간 돼지고기와 소고기를 반반씩 사이좋게 섞고, 양파는 잘게 다지고, 형형색색의 개성 강한 채소 친구들을 적당한 굵기로 잘라 예쁘게 나열해 준비해 놓기만 해도 요리의 반은 마친 셈. 내 앞에 놓인 재료들을 소꿉놀이하듯 다감하게 대해주면 그들도 순하게 나의 손놀림을 따라와 준다. 그렇게 하나둘 차근하게 함바그를 만들기 시작하면, 부엌은 이내 유년 시절의 따뜻한 기억이 머무르는 작고 귀여운 우주가 된다.

함바그

재료

간 돼지고기 & 소고기 각각 150g
   (총 300g)
양파 1/2개
우유 1큰술
빵가루 1큰술
너트메그 1/2작은술
달걀 1개
맛술(청주) 1큰술
소금, 후추 약간
식용유 1큰술

+함바그 소스
버터 1큰술
케첩 2큰술
돈가스 소스 3큰술
올리고당 1작은술
진간장 1큰술

+곁들임 채소
파프리카(얇게 썬 것 2조각)
그린빈스 2~3줄기 혹은 좋아하는 채소
토마토(중간 사이즈를 1/4등분한 1조각)

만드는 법

1. 양파는 큐브 형태로 잘게 자른다.
2. 볼에 간 돼지고기와 소고기를 넣고 잘 섞은 후 양파를 넣고, 소금과 후추로 간을 한다.
3. 우유, 빵가루, 너트메그, 달걀을 차례로 넣어 섞은 후 동그란 패티 형태로 만든다.
4. 함바그 소스를 만든다. 작은 소스용 냄비에 버터 한 조각을 넣고, 나머지 소스 재료를 넣은 후 데운다.
5. 프라이팬에 식용유를 두르고 함바그 패티를 올려 중불에 익힌다. 밑에서 올라오는 색을 보고 한 번 뒤집은 후, 맛술을 넣는다. 프라이팬 뚜껑을 닫고 5~6분 정도 중불에서 익힌 후 약불로 줄여 1분간 골고루 익히고 그릇에 담는다.
6. 취향대로 찌거나 구운 채소를 곁들이고, 함바그에 미리 만들어둔 소스를 뿌려서 낸다.

- 함바그 패티는 불과의 밀당이 중요하다. 중간중간 계속 뒤집기보다는 레시피의
  원칙을 지켜가며 두어 번 더 뒤집어 가며 익히는 정도가 알맞다.
- 패티를 뒤집어 익힐 때 마지막에 육즙이 양면에서 흘러나와 살짝 진득해지면 완성.
- 채소는 냉장고에 있는 것을 자유롭게 사용해도 좋다.
- 소스는 사진에서처럼 살짝 흘러내릴 수 있는 정도의 점도가 좋다. 너무 묽거나 혹은
  진득하게 되지 않도록 주의.

감자 고로케

함바그를 만들다 보면 종종 패티 재료가 남을 때가 있다. 어느날 요리책을
보다 문득 떠오른 아이디어는 바로 감자 고로케로 '트랜스포머' 하는 것!
남는 소스도 그대로 사용할 수 있으니 경제적이다. 한 가지 메인 재료를 써서
두 가지 요리를 완성하는 격이니 메뉴 고민이 줄어드는 것은 덤.

재료

감자 3개
남은 함바그용 패티 적당량
달걀 1개(달걀물)
밀가루(박력분) 약간
빵가루 약간

식용유 적당량
채 썬 양배추 1줌
토마토 1조각
레몬 1조각

만드는 법

1. 감자는 껍질을 벗겨 6등분으로 잘라 물을 담은 볼에 넣고 잠시 떫은맛을
   빼준다.
2. 냄비에 감자를 넣고 물을 부은 다음 뚜껑을 닫아 푹 삶는다.
3. 익은 감자를 다시 볼에 옮겨 담고 뜨거울 때 매시 등을 사용해 으깬다.
4. 별도의 볼에 함바그를 만들고 남은 패티를 부셔서 넣고, 으깬 감자를 잘
   섞는다.
5. 반죽을 공기를 빼듯 타원형으로 빚어 모양을 잡는다.
6. 고로케 반죽의 표면에 밀가루를 얇게 묻힌 후 달걀물, 빵가루 순서로
   가볍게 묻힌다.
7. 튀김용 냄비에 식용유를 깊이 3cm 이상 붓고 170도로 달군 후, 고로케
   반죽을 2~3개씩 넣는다. 중불에서 위아래를 돌려가며 튀기고, 전체가
   노릇노릇해지면 불을 한 번 세게 올린 후 바싹 튀긴다.
8. 그릇에 담아 소스를 뿌리고 채 썬 양배추, 토마토, 레몬을 곁들여 낸다.

된장찌개와
미소시루의 차이

한국과 일본, 비슷한 듯 다른 두 나라의 차이는 음식에서 더욱
극명하게 드러난다. 그중에서도 우리가 일상에서 흔히 먹는
된장찌개와 미소시루의 차이야말로 바로 한국과 일본이 아닌가
싶다.

먼저, 한국에서 된장찌개를 끓일 때를 살펴보자. 집집마다 방법은
조금씩 다르겠지만 된장을 넣는 순서만은 비슷하다. 다시물을 낸
후, 물이 끓으면 초반에 된장을 넣는다. 그리고 양파나 감자, 애호박
같은 재료가 들어간다. 된장을 먼저 넣는 이유는 찌개에서 된장
맛이 구수하고 풍부하게 골고루 퍼져 나오게 하기 위해서다.

일본은 그 반대다. 다양한 미소(아카미소, 시로미소, 아와세 미소 등)가
있지만, 원하는 재료를 넣고 끓이다가 미소는 조리가 끝날 때쯤 맨

나중에 불을 끄고 넣는다. 푸드 스타일리스트이자 요리 연구가인 이구치 민 선생님은 여기에 대해 이렇게 설명한다. "일본은 미소를 향기로 먹어요. 미소를 너무 오래 넣고 끓이면 특유의 풍미가 사라지고 텁텁함이 남는다고 생각하거든요. 간장도 마찬가지고요. 한국인의 음식은 시원한 감칠맛을 중요시하지만 일본인은 은은한 향을 음식을 즐기는 중요한 요소로 보죠."

그렇게 보면 한 나라의 국민성 또한 그 나라의 음식과 맥을 같이 하는 것이 아닐까. 대부분 화끈하고 시원시원한 성향을 가진 우리나라 사람들은 맺고 끊는 것이 확실한 기질을 타고났다. 손님이 왔을 때 상다리가 부러질 듯 푸짐하고 넉넉한 반찬이 다양하게 오르는 것을 정성 가득한 환대라고 생각한다. 반면 일본은 음식 하나를 놓더라도 섬세하고 아름다운 미감을 중시한다. 근사한 그릇 위에 딱 한 점 올려져 있는 스시. 그 형태 하나에 감탄하며 입안에 조심스럽게 넣고 천천히 오물오물 느끼고 씹는 과정 자체를 즐긴다. 물론 무엇이 정답인가 하는 문제는 아니다. 다만 된장 넣는 순서나 방법 하나도 나라의 고유성과 정체성, 미학을 읽는 단서가 될 수 있다는 얘기다. 프랑스 문화인류학자 클로드 레비스트로스가 말한 것처럼 '음식은 문화를 읽는 텍스트'다. 단순한 먹거리에서 나아가 한 사회의 역사적 층위, 가치관의 켜를 보여주는 가장 직관적이고도 복합적인 콘텐츠라는 점에서, 음식은 깊고도 흥미로운 세계임에 틀림이 없다.

식탁 위의 죽마고우

제육볶음과
불고기

어느 날 엄마의 제육볶음을 먹고는 두 눈이 휘둥그레졌다. 살면서 잊을 수 없을 만큼 맛있어서, 먹으면서 양이 줄어드는 것이 걱정될 정도였다. '여기 대체 뭘 어떻게 넣은 거야?' 수화기 너머 엄마는 늘 그렇듯 '어쩌다 보니 잘 됐다'고 대답했다. 애초에 계량하지 않으니 이 완벽한 맛의 비밀을 알아낼 방법은 영원히 없다. 남편은 먹어도 먹어도 맛있다면서 며칠째 엄마의 제육볶음에 밥만 먹었다. 남편의 생일을 축하하기 위해 장모가 넉넉히 해서 보낸 선물이었다.

나로 말할 것 같으면 제육볶음 14년차다. 남편이 제일 좋아하는 한국 요리라서 결혼 직후부터 볶은 경력이 이렇게나 됐다. 나는 사실 불고기에 애착이 있어서 불고기 원고를 쓰려고 했는데 입에 착 달라붙는 엄마의 제육볶음을 먹고는, 제육으로 방향을 급선회했다. 생각해보니 대한민국 남성들에게 압도적인 지지를 받는 음식, 한식 볶음 요리의 정점에 제육볶음이 있었다.

제육볶음에는 무슨 묘약이라도 들어간 걸까. 우리나라 사람들은 왜 그렇게 제육볶음을 편애할까. 남편은 제육볶음을 자신의 소울 푸드이자 죽마고우라고 표현했다. 언제 보아도 어색하지 않은, 친근하고 반가운 친구라는 거다. 최근에는 미국 뉴욕의 도심 한복판에 한국어 간판을 내건 한국식 기사식당이 문을 열었다는 뉴스 기사를 보았다. 이 식당의 대표메뉴 중 하나는 제육볶음 한상이었다. 가격은 약 4만4천원(32달러). 뉴욕 사람들은 '싸네!' 하면서 먹는다고 한다.

그런데 음식 관련 서적을 아무리 찾아봐도 제육볶음을 깊이 있게 다룬 책은 없었다. 비교적 역사가 짧아서일까. 고급이라 부를 수 없는, 대중적인 서민 음식이기 때문일까. 찾아보니 제육볶음이 처음 등장한 것은 조선 시대라고 한다. 17세기 문헌《음식 디미방》에서는 '가뎨육'* 요리법이 나오는데, 이를 제육볶음의 시초로 본다고 한다. 과거에는 고추장이 없어서 간장으로 양념을 했고 밀가루를 묻혀 기름에 볶았다고 한다. 그도 그럴 것이 농경 사회였던 조선 시대에는 농사에 주로 활용된 소와 달리 돼지가 흔하지 않았다. 1960년대 후반 정부가 양돈 산업을 육성하면서 돼지고기가

* '뎨육'은 돼지를 의미하는 것으로 현재의 '제육'을 뜻한다.

일상에 가까워졌고, 경제 성장이 본격적으로 이루어지던 1980년대
중후반에야 바쁜 학생과 직장인들 사이에서 비로소 제육볶음이
보편적인 메뉴가 됐다.

그러고 보면 불고기(여기서는 소불고기를 지칭한다)와 제육은 둘 다
고기를 재워 볶는 요리이긴 하나 태생적으로 결이 완전히 다르다.
간장과 여러 채소가 들어간 불고기는 은은하고 고상한 품위가
있고, 어느 세대나 국적과도 상관없이 별 무리 없이 받아들여지는,
범용성이 넓은 요리라고 할 수 있다. 불고기를 먹는 날엔 어쩐지
대접받는 것 같고, 마음도 상냥하고 나긋나긋해지는 듯하다. 대부분
특별한 행사나 의례, 명절, 혹은 생일 잔치상에 자주 등장하는 걸
보면 역시 정성과 격식이 있는 음식이다. 특히 나는 외국 친구들을
집에 초대했을 때 불고기를 우리나라의 시그니처 요리라며 자신
있게 만들어주곤 했다.

반면 제육볶음은 교양이 흘러 넘치는 요리는 아니다. 소박하고,
허례허식이 느껴지지 않으면서, 직설적인 한 그릇이다. 하지만
고추장과 올리고당이 고기와 어우러지면서 내는 강렬하고 풍부한
맛과 향 덕분인지, 제육볶음은 한국인의 소울푸드 자리를 당당하게
차지하곤 한다. 이제 막 데이트를 하기 시작한 커플이 "제육볶음
먹으러 갈까요?"라고 말하지는 않겠지만, 누군가와 허심탄회하게
소주 한 잔을 마시며 밥이 될 만한 적당한 안주가 필요할 때, 혹은

별다른 점심 메뉴가 생각나지 않을 때 우리는 모두 무난하게 "이모, 제육볶음 하나요!"를 외치지 않나.

떠올려보니 나에게는 제육볶음을 통해 남자를 판별하는 이상한 습관도 있었다. 가령 소개팅할 때 "무슨 음식 좋아해요?"라고 물었을 때 "제육볶음이요."라고 대답하는 상대방에게 내심 후한 점수를 줬다. 그것은 내가 제육볶음을 좋아해서가 아니었다. 찰나의 망설임도 없이 '제육볶음'이라고 자신 있게 말할 수 있는 사람에게는 적어도 미식가인냥 허세 떨지 않는 담백함이, 이리저리 까다롭게 재지 않는 무던함이 있을 거라는 기대를 가지게 되었기 때문이다. 그의 대답은 내게 여유 있고 자신감 넘치는 태도로 비춰졌고, 그렇게 자신을 지나치게 꾸미지 않는(않을 거라는) 수수함이 매력적으로 느껴졌다.
그리하여 지금은 제육볶음을 애정하는 남자와 불고기를 더 좋아하는 여자가 함께 살고 있다. 하지만 나는 밥 하기 귀찮은 날이면 불고기를 습관처럼 밥상에 올린다. 짭짤하고 고소한 간에 마늘 풍미가 살짝 스민 불고기의 맛이 내 입에는 더 맞고 속도 편안하기 때문이다. 그러다 남편이 출장에서 돌아오는 날이거나, 그에게 갑자기 잘 보일 일이 있는 날엔 어김없이 두 팔을 걷어 부치고 기가 잔뜩 들어간 제육볶음을 만든다. 그리고 매년 돌아오는 그의 생일날에도 미역국과 함께 제육볶음을 내놓는다. 제육볶음은 내게 그런 의미로 특식이다.

불고기의 BGM

불고기 얘기가 나와서 말인데, 불고기를 요리할 때 꼭 틀어놓는 음악이
있다. 포플레이(Fourplay)의 창립 멤버였던 밥 제임스(Bob James)의
〈Bulgogi〉란 곡이다. 세계적인 재즈 거장이자 특히 한국을 사랑하는
재즈 키보드 연주자로도 유명한 그는 평소 불고기를 좋아하고,
'불고기'라는 어감을 좋아해서 자신의 연주곡에 이런 제목을 붙였다고
한다. 전주 부분을 들어보면 식탁에 불고기가 짠 하고 등장했을 때
호기심과 기대에 가득 찬 사람들의 얼굴 표정이 떠오른다. 들으면
들을수록 굉장히 세련되고 멋진 곡이다. 곡의 리듬을 타며 한 손에
레드와인을 홀짝거리며, 뚝딱뚝딱 불고기를 만든다. 평범한 날을
낭만적으로 만들기에 좋은 저녁 메뉴다. 그러고 보면 〈밤양갱〉이라는
노래가 나온 판에 〈제육볶음〉이란 노래도 나올 법한데 아직 아무도
만들지 않았다. 잘만 만들면 '국민 음악'이 될 수도 있을 텐데.

알찬 개구쟁이

주꾸미 요리

외국에 산다는 것은 당연했던 일들이 당연하지 않게 된다는 걸 받아들이는 과정이었다. 일본에서 문어는 흔하지만 낙지는 없다. 주꾸미*도 없다. 나는 주꾸미와 낙지, 문어 삼총사를 좋아하는데, 그중에서도 주꾸미를 제일 좋아한다. 사실 세 가지 중에서 가장 부실해 보이는 연체동물이 주꾸미다. 다리가 길고 가늘어 우아한 모습을 한 낙지에 비해 주꾸미는 짤뚱하다. 다리는 왜 그리 굵고 짧은지. 그래서 '얼큰이'처럼 머리가 더 커 보이기도 한다. 마치 동년배지만 발육도, 이해 능력도, 인지 발달도 상대적으로 느린 12월생 같은 모습에 왠지 모를 감정 이입이 되곤 했다(나는 12월 말 생이다). 나는 크기도 작고 어딘가 어리숙해 보이는 주꾸미가 더없이 귀엽고 사랑스러워 보였다. 주꾸미의 매력은 뭐니뭐니해도 이

---

* 조선 후기를 대표하는 실학자 다산 정약용의 형 정약전이 쓴 《자산어보》에 따르면 주꾸미를 '죽금어'라고 하고, 한자로는 '웅크릴 준' 글자를 사용해 '준어'라고 했는데, 바위 틈이나 고둥 속에 웅크리고 있는 모습에서 유래한 것이라는 설이 있다.

개구쟁이 같은 모습에 있는 거라고, 마트에서 볼 때마다 히죽거리며
카트에 넣곤 한다. 게다가 맛있고 부드럽기까지 하니 더할 나위 없다.
반면 낙지는 '뻘 속의 산삼'이라 불릴 만큼 누구든 인정하는 가을의
대표 음식이다. 하지만 대단한 낙지도 봄이 되면 주꾸미의 위세에
비할 것이 못 된다.

주꾸미는 3~5월이 제철이다. 봄이 되어 서해안의 수온이 오르기
시작하면 새우가 번식을 하는데, 알을 밸 때가 된 주꾸미들이
몰려와서 새우를 잡아먹고 살이 통통하게 오른다고 한다. 알을
낳을 준비를 하는 만큼 몸속에 많은 영양소를 갖고 있는 것은
당연지사. 이때 주꾸미에 들어 있는 피로 회복에 좋은 타우린-
콜레스트롤 수치를 낮추고 혈액순환을 원활하게 해준다-
성분은 100g당 약 1,300~1600mg으로 낙지의 2배, 문어의 4배,
오징어의 5배에 달한다고 한다. 그밖에도 열량은 낮고 DHA 등
불포화지방산이 많아서 심혈관 건강에도 좋다. 무엇보다 이때의
주꾸미는 낙지보다 덜 질기고 오징어보다 고소하다.
잘 알려지지 않았지만 주꾸미는 고려 시대와 조선 시대 유물
발굴에 큰 도움을 준 생물이기도 하다. 충남 태안에서 주꾸미를
잡던 어부가 주꾸미가 붙잡고 있던 청자 접시를 함께 건져 올린
것을 계기로 태안선이 발굴되었는데, 여기서 나온 유물이 무려 2만
5천여 점이나 됐다. 이후 수중 문화 유산 발굴과 연구가 본격적으로
이루어지고 있다고 하니 여러모로 기특한 친구다.

주꾸미는 낮에는 암초 틈새나 소라, 조개 껍데기 속에 숨어
있고 밤이 되면 활발하게 활동하는 야행성이다. 밤만 되면 눈이
반짝반짝해지는 나는 그래서 주꾸미에게 더 동질감을 느꼈던 걸까.
어쨌든 낙지보다 익살스럽고 오징어보다 귀여운 주꾸미는 제대로
된 짝만 만나면 그렇게 맛있을 수가 없다. 청자에 달라붙어 있었듯
식재료에도 찰싹 달라붙어 진가를 발휘하기 때문에, 한번 제대로
맛보면 그 매력에서 헤어 나오기가 힘들다. 굳이 따지자면 만인의
연인인 낙지나 오징어, 문어에 비해서 '볼매'라는 얘기다.

먼저 주꾸미의 베스트 궁합으로 말할 것 같으면 삼겹살,
일명 '쭈삼'이 있다. 고추장 양념에 삼겹살을 조물조물 무쳐서
재워두었다가 미리 데친 아삭아삭한 콩나물, 미나리, 대파와 양파
등을 곁들여 볶으면 봄철 별미가 따로 없다. 이걸 깻잎에 싸 먹으면
또 얼마나 맛있는지. 입안에 행복이 가득 고인다.
주꾸미 자체의 맛을 느끼고 싶을 때면 주꾸미 샤브샤브(혹은
연포탕)를 해 먹는다. 채소만 적당히 구비해 놓으면 맛은 주꾸미가
다 알아서 내주기 때문에 호사스러워 보이지만 매우 간편한
요리다. 미나리, 표고버섯, 당근은 꼭 넣는다. 주꾸미 특유의 고소한
맛을 달달하고 고급스럽게 뒷받침해주기 때문이다. 여기서 잠깐,
샤브샤브는 일본어로 얇게 저민 고기와 채소를 끓는 육수에
익혀 소스에 찍어 먹는 냄비 요리를 말하지만, 어원은 '살짝살짝'
'찰랑찰랑'이라는 뜻의 의성어에서 비롯됐다. 그래서 샤브샤브를

먹을 때 많은 일본인들이 고기를 집은 젓가락을 육수에 흔들며,
'샤~브 샤~브' 하는 소리를 낸다. 실제로 영화 〈행복 목욕탕〉을 보면
가족들이 모여 샤브샤브를 먹는 장면이 나오는데, 모두가 '샤~브
샤~브' 하는 소리를 낸다. 나도 먹을 때마다 들릴 듯 말 듯, 살랑살랑
소리 내어 말하며 먹곤 한다. 마치 손으로 그네를 타는 기분이다.
레스토랑 느낌을 내고 싶은 날에는 주꾸미를 레몬즙, 버터,
올리브오일에 살짝 볶아 먹을 수도 있다. 이때는 향이 강한
로즈메리보다는 서늘한 맛의 딜을 추가하는 편이 훨씬 잘 어울린다.
또 얼마 전에는 집에 남은 차이브가 있어서 함께 넣어 파스타를 해
먹었는데 주꾸미의 부들부들한 식감, 향긋한 바다 맛, 산뜻한 향이
곁들여지니 감칠맛이 폭발했다.

여기, 상황별로 즐겨먹기 좋은 주꾸미 레시피를 몇 가지 소개한다.
보기보다 간단하기 때문에 '볼매'인 주꾸미의 미덕을 더 많은 이들이
즐겨주었으면 좋겠다. 나른한 봄철뿐 아니라 성체가 된 가을에도
주꾸미는 맛이 좋다.

가족과 함께: 주꾸미 샤브샤브

재료

손질한 주꾸미 6~7마리

+주꾸미 손질용
굵은 소금 2큰술
밀가루 1/2컵

+육수
물 1리터
육수용 멸치 10개
다시마 2조각
무 썬 것 1줌
대파 1/2개
양파 1/2개
표고버섯 2개
국간장 1~2큰술
쯔유 1큰술
멸치 액젓 1큰술
맛술 2큰술
소금, 후추 약간

+채소
알배추 3~4장
미나리 1줌
당근 1/3개
양파 1/2개
대파 1대
표고버섯, 팽이버섯, 느타리 버섯 1줌씩

+샤브샤브 소스
진간장 3큰술
물 1큰술
맛술 1큰술
레몬즙 1/2큰술
식초 1~1과 1/2큰술
와사비나 연겨자, 혹은 청양고추 약간
설탕 조금

만드는 법

1. 주꾸미는 밀가루를 뿌린 후 박박 씻다가 소금을 뿌리고 다시 한 번 씻는다. 물에 여러 번 헹궈서 준비한다.

2. 채소는 각각 먹기 좋은 크기로 썬다. 무는 나박 썰기로 썰어둔다.

3. 샤브샤브 소스는 분량의 재료를 섞어 미리 만들어둔다.

4. 육수를 만든다. 입구가 넓은 전골용 냄비에 물과 2의 무, 다시마를 넣고 끓인다. 15분 후 다시마를 건져낸다.

5. 대파를 제외한 나머지 육수용 재료를 넣는다. 채소를 보기 좋게 담고 끓이다가 소금과 후추로 간한다. 맨 마지막에 대파를 넣고 한소끔 끓인다.

6. 주꾸미를 한두 개씩 넣고 익힌다.

7. 그릇에 주꾸미와 채소, 국물을 담고 소스에 찍어 먹는다.

• 채소의 경우, 청경채나 애호박, 쑥갓 등 집에 있는 다양한 재료를 활용해도 좋다.
• 주꾸미는 오래 익히면 질겨지므로 살짝 익혀서 먹는다.

요즘은 확실히 예전보다 마트에 주꾸미가 잘 보이지 않는다. 남획으로 주꾸미의
어획량이 줄어든 데다 봄철에 '알배기' 주꾸미를 대량으로 포획하기 때문일까.
주꾸미의 미래를 생각하면 알을 밴 녀석을 굳이 찾아 먹을 필요는 없을 것 같다.
알 안에 수백 마리의 주꾸미가 더 있었던 건데. 부디 이 개구쟁이 바다 생물을
오래오래 즐길 수 있었으면 한다.

친구들이 놀러 왔을 때 전채 요리: **레몬 주꾸미**

재료

주꾸미 300g

적양파 1/2개

올리브오일 적당량

다진 마늘 1/2큰술

케이퍼 1작은술

레몬즙 1큰술

화이트와인 비네거 1큰술

버터 2~3큰술

파슬리 약간

딜 약간

만드는 법

1. 프라이팬에 올리브오일을 두르고 중불에 주꾸미를 가볍게 볶는다. 오래 익히면 질겨질 수 있으니 1분 이내로 볶아준다.

2. 별도의 그릇에 볶은 주꾸미를 꺼내 두고, 1의 팬에 버터를 넣고 잘게 썬 양파를 넣어 볶는다.

3. 다진 마늘을 추가해 볶고 마늘 향이 올라오면, 케이퍼와 레몬즙, 화이트와인 비네거를 넣어 풍미를 살린다.

4. 올리브오일을 한 번 더 두르고 꺼내두었던 주꾸미를 다시 넣고 볶은 후 파슬리와 딜을 뿌려 섞는다. 소스가 부족하다 싶으면 버터 1큰술을 추가한다.

5. 접시에 4를 담은 후 남은 딜을 장식용으로 더하고, 레몬즙으로 마무리해 낸다.

Recipe

집에서 간단히 혼밥할 때: 주꾸미 차이브 파스타

재료

주꾸미 300g
스파게티 면 1인분(100g)
마늘 7톨
올리브오일 적당량
페페론치노 4~5개

다진 마늘 1작은술
케이퍼 1/2작은술
차이브 혹은 쪽파 1줌
소금, 후추 약간

만드는 법

1. 마늘은 편으로 썰고, 차이브는 3~4cm 정도 길이로 먹기 좋게 자른다. 쪽파를 쓸 경우 잘게 썬다.

2. 스파게티용 냄비에 물을 넣고 면을 끓인다. 끓이는 시간은 면의 종류에 따라 달라지니 포장지의 조리법을 잘 살펴볼 것.

3. 프라이팬에 올리브오일을 두르고 편으로 썬 마늘을 먼저 볶은 후 마늘 향이 올라오면 페페론치노를 잘게 부셔서 한 번 더 볶는다.

4. 3에 손질한 주꾸미를 넣고 가볍게 볶아준다. 여기에 다진 마늘, 케이퍼를 넣고 잘 섞는다.

5. 4에 알단테로 익힌 면을 넣고, 올리브오일을 한 번 더 두른다. 소금, 후추로 간한다.

6. 차이브 혹은 쪽파, 면수 2국자를 넣고 전분이 소스에 잘 녹아들도록(유화 과정) 익혀준다. 소스 사이사이에 공기가 들어가게끔 팬을 돌려준다. 소스가 부족하면 면수 1국자를 더 추가한다.

7. 불을 끄고 접시에 담아서 낸다.

봄과 여름 사이에

마늘종 요리

가장 좋아하는 계절은 여름이지만, 개인적으로 일 년 열두 달 중
대한민국이 가장 아름답다고 느끼는 달은 5월이다. 봄과 여름 사이,
희고 청순한 이팝나무가 거리를 뒤덮는 때, 온화한 햇살과 바람이
얼굴을 슬쩍 스치는 시간을 통과할 때는 발걸음도 마음도 공기를
머금은 듯 가볍게 일렁인다. 하루하루 눈부신 날들이 아쉬운 5월에
유독 애틋한 식재료가 있다. 딱 이 계절에만 짧게 만날 수 있는
채소, 마늘종이다.

마늘종은 꽃대가 자란 마늘의 꽃줄기를 말한다. 나는 마늘보단
오빠(?)격인 마늘종을 더 좋아하는데, 마늘 특유의 향은 부드럽고
약하면서 맛은 더 은은해서다. 알싸한 향과 아삭한 식감이 마치 똑

부러지게 제 할 일을 잘하는 친구 같다. 마늘종의 바른 표기법은 '종'이지만 실은 '종'보단 '쫑'이 마늘종의 성질을 제대로 드러내는 듯하다. 마늘쫑은 봄의 입맛을 돋궈주는 쨍한 느낌표 같은 맛이니까! 계절의 생동하는 기운을 식탁에 전해주는 이 채소는 아무래도 무덤덤한 느낌의 '종'보다는 '쫑' 쪽이 더 실감이 난다. '자장면' 말고 '짜장면'이 더 '짜장면'스러운(!) 것처럼 말이다.

마늘종을 편애하기 시작한 때를 되짚어보면 무려 초등학교 고학년 시절로 거슬러 올라간다. 취나물과 마늘종 새우볶음은 당시 내가 가장 좋아하던 엄마의 도시락 반찬이었다. 달큰한 간장으로 볶은 마늘종 새우볶음을 처음 먹었던 때의 장면은 가물가물하지만, 확실한 건 '뭐 이런 맛이 다 있어?' 하면서 계속 먹었던 기억이 난다. 나중에 알게 된 사실인데 마늘종에는 단백질과 칼슘이 부족해서 이를 보충하기 위해 건새우와 함께 볶게 되었다고. 우리네 엄마들이 오랜 시간 마늘종 멸치볶음과 마늘종 새우볶음을 해왔던 건 그러니까 어린 자녀들에게 먹이면 성장과 발육에 큰 도움을 준다는 사실을 알고 있었기 때문이다. 많은 이들에게 마늘종이 아련한 기억의 식재료가 된 배경에는 엄마의 유난한 자식 사랑이 듬뿍 담겨 있다는 점도 한몫 했을지도 모른다.

마늘종으로 만드는 대표적인 한국 요리는 마늘종 새우볶음과 고추장 무침, 마늘종 장아찌 정도가 있을 것이다. 아마 이 요리들은

마늘종 장아찌와 마파두부

우리나라밖에 없는 고유의 맛이자 전 국민의 피와 살에 아로새겨진 맛일 거라고, 감히 생각한다. 여기에 마늘종 특유의 아린 맛을 좋아하는 미식가가 있다면, 삼겹살 같은 고기를 먹을 때 생마늘종 그대로 된장이나 쌈장에 찍어 먹을 테다. 내 경우에는 마늘종 고추장 무침과 돼지고기(소고기) 마늘종 덮밥, 마늘종 파스타를 즐겨 해 먹게 됐다.

마늘종 장아찌를 미리 만들어두면 위의 요리들이 한결 편해지는데, 만들어둔 장아찌를 꺼내 간단히 무치거나 볶기만 하면 된다. 진하고 풍부한 맛의 마늘종 요리를 손쉽게 만들 수 있다는 점에서 특히 추천한다. 아삭한 식감을 살리고 싶을 때는 생마늘종으로 해도 무방하지만 다음 페이지에 기본이 되는 마늘종 장아찌와 돼지고기 마늘종 덮밥 레시피를 적어두었다.

짧아서 더 아쉬운 봄과 여름 사이의 맛. 마늘종을 한껏 먹고 나면 이팝나무의 하얀 꽃이 어느새 사라져 있고 얼굴에 빨간 립스틱을 바른 것 같은, 정열적인 들장미가 골목 곳곳에 고개를 내민다. 봄이 저만치 가고 여름이 코앞에 왔다는 신호다. 이쯤엔 슈퍼에 마늘종도 없어지고, 대신 새로운 계절을 여는 자두가 수줍은 듯 발간 얼굴을 드러낸다.

마늘종 장아찌

재료

마늘종 300~400g
소금(데치는 용도)

+절임액
진간장 1컵
식초 2/3컵
설탕 1/3컵
소주 20ml
물 400ml

만드는 법

1. 냄비에 식초와 소주를 뺀 절임액 재료를 담고 골고루 섞어가며 끓인다.
2. 한소끔 끓인 후 식초와 소주를 추가하고, 다시 끓기 시작하면 불을 끈 후 식힌다.
3. 마늘종을 손질하여 4cm 정도 먹기 좋은 크기로 자른다.
4. 자른 마늘종을 식촛물에 잠시 담근 후 깨끗이 씻는다.
5. 물과 소금을 넣은 냄비에 마늘종을 넣고 데친다. 마늘종이 둥둥 떠오르면 불을 재빨리 끄고, 찬물에 헹군 후 체에 받쳐 물기를 뺀다.
6. 데친 마늘종을 미리 열탕 소독한 밀폐 용기에 담고 식혀둔 절임액을 붓는다.
7. 하루 동안 실온의 서늘한 곳에서 숙성하고, 다음 날부터 냉장고에 넣어 5일 이상 둔 후 먹는다.

- 마늘종을 가볍게 데친 후 찬물에 헹구면 더 아삭해진다.
- 식초를 나중에 넣는 이유는 신맛이 쉽게 날아가기 때문이다.
- 장아찌는 고기나 파스타, 볶음밥, 무침 등에 활용할 수 있다.
- 국내에 나오는 시즌 마늘종은 남해와 고흥이 제일 유명하고, 다른 계절에 나오는 경우 중국산이다.
- 마늘종 고추장 무침의 경우, 마늘종 장아찌에 고추장 1큰술, 설탕 1/2작은술, 물엿 조금, 참기름과 통깨로 마무리하면 된다. 그때그때 먹을 만큼만 조금씩 만드는 편이 맛이 더 좋다. 매실 장아찌가 있다면 더해도 좋다.

Recipe.

돼지고기 마늘종 덮밥

재료

마늘종 장아찌 2줌
돼지고기 200g
다진 마늘 1작은술
고추기름 1큰술
두반장 1/2큰술
고춧가루 1/2큰술(optional)
굴소스 1/2작은술(optional)
달걀 1개

+돼지고기 밑간
다진 생강 1/2작은술
맛술 1큰술
소금 1꼬집
후추 약간

만드는 법

1. 돼지고기에 다진 생강, 맛술, 소금, 후추를 넣고 미리 밑간을 해둔다.
2. 마늘종 장아찌를 잘게 썬다.
3. 프라이팬에 기름을 두르고 다진 마늘을 볶은 뒤 향이 올라오면 1을 넣고 볶는다. 덩어리가 지지 않도록 주걱을 세워 수직으로 흩트리듯 볶는다. 다 익었으면 고추기름을 넣어 풍미를 살린다.
4. 3에 썰어둔 마늘종 장아찌를 넣어 볶다가 간을 본 후 두반장을 첨가해 볶는다. 부족할 경우, 굴소스와 고춧가루를 더해 마지막 간을 완성한다. 1~2분 정도 더 볶는다.
5. 별도의 작은 프라이팬에 기름을 두르고 달걀 프라이를 만든다.
6. 움푹 들어간 접시 한쪽에 밥을, 한쪽에는 돼지고기 마늘종 볶음을 담은 후 달걀 프라이를 얹어 낸다.

그 많던 백반집은
다 어디로 갔나

'밥맛'에 눈을 뜨게 된 건 대학 시절이었다. 내내 엄마 밥을 먹으며
자라온 나는 스무 살이 되자마자 집에 들어가기를 잊은 사람처럼
눈앞의 자유롭게 펼쳐진 세상에 풍덩 뛰어들어 헤어나오지
못했다. 당시 친구들과 나의 낙은 수업을 마치고 맛있는 밥집(과
술집)을 찾아다니는 거였다. 학교 식당 밥도 많이 먹고 학부 건물
안에 팔았던 명물 김밥도 많이 먹었지만 수업과 수업 사이, 학교
앞 다양한 밥집을 도장깨기하듯 다니는 재미가 쏠쏠했다. 특히
내가 제일 좋아했던 건 미로 같은 골목 안에 숨어 있었던 백반집
순례였다. 오징어볶음, 김치찌개, 제육볶음, 불백(불고기백반), 생선구이
정식을 질리도록 먹었다. 된장찌개에 그렇게 다양한 버전이 있는
줄도 그때 처음 알았다. 함께 나오는 두툼한 달걀말이, 마카로니

사라다, 미역줄기볶음, 감자 햄볶음 같은 밑반찬들은 왜 그렇게
맛있었는지. 모두 보석 같은 맛집들이었다.

졸업을 하고, 에디터 생활을 시작한 후 밥집을 향한 애착은
더욱 강해졌다. 고된 취재와 화보 촬영을 마치고 먹는 한
끼는 꿀맛이었다. 그때 세상에서 제일 맛있는 밥은-엄마 밥을
제외하고-일 끝내고 먹는 밥이란 것을 깨달았다. 어린 시절
홍콩에서 생활한 덕에 비교적 다양한 나라의 음식을 맛봤고,
잦은 출장과 여행을 통해 다채로운 미식의 세계를 경험해 왔다고
자부하지만, 아무리 화려하고 근사한 음식을 먹어도 결국 다시
돌아가는 맛이란 우리네 평범한 밥과 국 그리고 몇 가지 반찬이었다.

코로나 팬데믹이 한창이던 무렵 일본을 벗어나지 못했을 때 내가
집착했던 장르도 '일본 가정식'이었다. 마음이 허기져서였을까. 집
앞의 특별할 것 없는 '오늘의 메뉴 정식', 칸다의 허름한 우동집에서
아저씨들 사이에 끼어서 먹던 우동, 이케바나 수업을 마치고 허기진
배를 움켜쥐고 들어갔던 아오야마의 생선구이 집의 한상 차림,
세타가야 신마치의 동네 소바집에서 먹은 소바, 그리고 오쿠보
요도바시 시장 안에 있는 쇼와 분위기의 식당에서 먹었던 쇼가야키
정식을 잊을 수 없다. 당시 나는 마치 〈고독한 미식가〉의 고로 상이
된 것처럼 식당에 앉아 보통의 일본인들이 먹는 보통의 집밥을
수없이 먹었다. 그리고 집으로 돌아와 했던 가장 창조적인 일은,

바깥 세상에서 맛본 맛을 내 식대로 재현하는 거였다. 그러다가
어느 소바 집에서 대단할 것 없는 소바를 먹으며 문득 그런 생각을
했다. '언젠가 한국에 돌아가면 이런 보통의 맛이 그리워지겠구나'
그때 나는 결국 우리 마음에 오래오래 살아남는 것은 주인이
정성과 애정으로 만든, 지극히 소박한 손맛이란 것을 알게 되었다.

한국에 돌아와보니 세상은 많이 변해 있었다. 가정식 백반집을
파는 곳도 드물었다. 친구들은 귀하기 때문에 오히려 소중하다며,
자신의 집 근처 백반집에 나를 자랑삼아 데리고 가곤 했다. 아주
오랜만에 찾아간 학교 앞 백반집들은 당연히 없어진 지 오래였다.
그 많은 백반집은 다 어디로 갔나. 언젠가부터 인스타그램 스토리에
친구들이 올리는 백반집 사진들을 발견할 때마다 나는 어디냐며
다급하게 묻게 됐다. 백반집은 점점 귀하디 귀해져서, 언젠가 한국의
잊힌 밥상이 될지도 모른다.

언제부터였을까. 나이 든 주인들이 집밥을 차리듯 허기진
노동자들과 학생들을 위해 만들었던 백반은 시대의 빠른 변화
속에서 점차 설 자리를 잃어갔다. 저렴한 가격에 낮은 인건비로
유지되었던 백반집의 생존 원리는 박리다매였다. 그러나 인건비가
턱없이 올라가고, 원재료 값이 하루가 다르게 치솟은 10여 년 사이,
백반집은 서서히 사라졌다. 사실 백반은 만들기 쉬운 음식이 결코
아니다. 요리를 해본 사람은 안다. 백반은 밑반찬이 많이 나오는

한식 밥상의 특성상 다른 외식에 비해 정성과 노력이 배로 들어간다. 반찬마다 조리법, 재료, 양념장이 다 다르니 손이 많이 갈 수밖에 없다. 그러나 들어가는 시간과 에너지에 비해 그 가치는 충분히 인정받지 못한다. 평범한 집밥 같다는 인식이 강해서일까. 사람들의 인식 속의 백반은 양이 푸짐해야 하고, 또 리필에도 한없이 관대해야 한다. 고생에 비해 마진도 적고 인정받지도 못하는 탓에 식당 주인들은 점차 백반집을 포기한다. 어찌보면 당연한 수순이다. 이제는 '한식 뷔페'로 대체되는 추세라고 한다. 하지만 우리는 알고 있다. 집집마다 서로 다른 손맛이 빛나던, 백반집의 매력에는 절대 쫓아올 수 없다는 사실을.

얼마 전 유튜브 영상을 보다가 어느 백반집 사장의 말이 귀에 꽂혔다. "백반은 한국인의 몸이에요." 정겨운 마음이 담긴 소담스러운 밥상. 우리는 그동안 얼마나 많은 백반을 먹고 살아왔나. 그의 말마따나 우리의 세포는 밑반찬과 고봉밥이 켜켜이 쌓여 만들어진 것이다. '한국인은 밥심'이라는 클리셰를 구태여 강조하고 싶지는 않다. 다만 백반집이 사라지는 현상은 한국의 아이덴티티가 희미해지는 일인 것만은 분명하다.

현재 세계적으로 한식이 주목받고 있는 이유 중 하나는 뚜렷한 사계절 아래 다양한 식재료와 조리법이 그 어느 나라보다 풍요롭기 때문이라고 생각한다. 나물을 많이 쓰는 한식 자체가 비건식에 가깝기도 하다. 하지만 미쉐린 레스토랑의 한식, 화려한 코스 요리,

사찰 음식만이 한식은 아니다. 보통의 한국 사람들이 먹어온 보통의
집밥. 그것의 명맥을 대중적으로 이어온 가정식 백반이야말로
한국인의 심장에 가까운 맛이 아닐는지.

얼마 전 친구와 성곽길 산책에 나섰다가 이끌리듯 남대문 시장
안으로 들어갔다. 오랜 세월 동안 사랑받아온 맛집들이 즐비한
이곳의 명물은 갈치조림 골목. 작고 허름한 집집마다 사람들이
빼곡하게 앉아 만족스러운 얼굴로 갈치조림 백반을 먹고 있었다.
오랜만에 만난 활기찬 에너지에 덩달아 가슴이 뛰었다. 백반집
주인은 역시 우리 모두의 영원한 '이모'라는 걸 실감하는 순간이었다.
밥을 먹고 있으면 어느새 다가와 무심하게 달걀 프라이를 하나 더
얹어주던 인심. 화구 위에 여러 개의 김치찌개 뚝배기가 펄펄 끓고
있는 장면 위로 대학 시절 만난 무수히 많은 이모들의 마음이
포개졌다. 밥집에 청춘과 중년을 바쳤던 그 이모들은 지금 어디에서
무얼 하고 있을까.

요리의 베이스는 채수

나의 요리 베이스는 채수다. 요리하고 남은 채소는 냉장고에 그때그때
모아두었다가 어느 정도 양이 되면 물에 넣고 끓여 채수를 만든다. 향이 너무
강하지만 않다면 어떤 채소든 써도 좋다. 건더기는 버리고 국물은 완전히 식힌
후 지퍼백에 넣어 냉동실에 보관하고 필요할 때마다 꺼내 쓴다. 채수는 국, 탕,
찌개, 볶음 요리는 물론이고 서양식 요리에도 활용하는데, 은은하게 깊은 맛을
내기에 좋다. 재료를 끝까지 알뜰하게 쓴다는 만족감이 요리 시간을 더욱 즐겁게
만들어준다. 채소의 영양은 뿌리와 껍질에 가장 많이 있다는 사실도 잊지 말 것.

멍게 비빔밥

봄과 여름 사이, 이팝나무와 금계국이 거리를 하얗고 노랗게 물들일 때 멍게 철이
시작된다. 이때 멍게 딱 두 봉지를 사서 멍게 비빔밥을 만들어 먹는다. 오이와
당근은 채 썰고 냉장고에서 시들어가는 상추도 구출해 손으로 적당히 찢는다.
이때부터 조금씩 나오는 쌉싸름한 참나물도 곁들여 맛의 밸런스를 맞춰도 좋다.
그릇에 밥을 담고 재료를 적당히 담은 후 참나물은 줄기를 길게 돌려 묶어
가이세키 요리에 나오는 것처럼 약간의 끼(?)를 부려 장식한다. 양념장은 고추장,
다진 마늘, 식초, 올리고당, 매실액, 맛술, 참기름, 통깨 정도. 약간 흐를 정도의
점도로 만든다.

봄에는 로제 와인

봄이 오면 상큼하고 가벼운 로제 와인을 마시고 싶어진다. 이날은 벚꽃이 들어
있는 와인을 사와서 따르고 딸기를 띄웠다. 사쿠라 모찌와 초콜릿 한 입, 와인 한
잔. 봄을 맞이하는 나만의 낮술 시간이다.

참나물 국수

유채, 냉이, 달래, 두릅 파티가 한바탕 지나가면 그때부터는 마트 한 켠에
등장한 참나물이 눈에 들어온다. 혼자 점심을 먹을 땐 가볍게 국수를 만다.
삶은 국수에 참나물 한 줌을 넣고, 간장, 들기름, 매실액, 식초, 올리고당, 다진
마늘(아주 조금만)로 버무리고, 통깨를 뿌리면 끝. 참고로 나물을 무칠 때는
엄마의 가르침을 따른다. 참나물은 고유의 향이 매력적이고 품위가 있는 까닭에,
엄마는 된장이나 다진 마늘을 쓰지 말고 가볍게 데친 후 소금과 참기름 혹은
들기름으로만 깨끗하게 무치라고 가르쳐주었다.

모나카 아이스크림

모나카 아이스크림은 우리 집 시그너처 디저트다. 모나카 깍지에 하겐다즈 바닐라
아이스크림 한 스쿱을 끼워 넣고 주변을 딸기와 산딸기로 장식해 낸다. 식사 후
입가심으로도 좋고, 와인이나 위스키 안주로도 잘 어울린다.

한식과 일식의 콜라보

(위에서부터 시계 방향으로) 곤드레 버섯 솥밥과 왕버섯 버터 마늘구이, 가지
니비타시(초간장조림), 야리이카(한치) 카르파초. 일본에서는 한식과 일식의
콜라보로 식탁을 많이 차렸다. 봄에는 괜시리 나물이 먹고 싶어져 만들어본
조합이다. 가지 니비타시를 만들 때는 프라이팬에 칼집을 낸 가지를 굽고 일본
간장, 미림, 설탕, 다진 생강을 넣은 다시물에 조린다. 이때 쪽파가 있으면 송송
썰어 뿌린다. 카르파초의 경우, 금귤 씨를 바르고 즙을 내어 올리브오일, 와인
비네거, 소금, 와사비에 절여 소스를 만든 후 냉장고에 잠시 둔다. 손질한 한치
위에 소스를 뿌리고 래디시가 있다면 장식해 낸다.

Summer

여름

여름을 열고 닫는 맛

스다치 소바

여름이 가장 뜨겁고 의기양양할 때, 태양의 밝고 천진한 기운만을
정성껏 모아 담은 스다치(すだち, 영귤)는 생각만 해도 입안에 침이
가득 고이는 식재료다. 일본에서 여름이 시작되는 6월이 되면 소바
집은 일제히 여름 한정 메뉴를 내놓기 시작하는데, 그 대표 메뉴가
바로 스다치 소바다. 동그란 초록색 과육이 그릇 위로 가지런히
원을 그리며 누워 있는 모습을 보고 있노라면 곧 다가올 새로운
계절에 마음이 설렌다. 쨍하게 덥고 진하게 아름다운 계절, 여름.
제철 과육을 한 움큼 넣은 소바를 먹으며 계절의 순환과 자연이
주는 기쁨, 그 충만함을 만끽하곤 했다. 그렇게 언제부터인가 여름을
열고 닫는 나만의 의식은 스다치 소바를 먹는 것이 되었다.

가장 좋아하는 스다치 소바 가게 중 하나는 세타가야에 있는
'다신소안'인데, 한적한 주택가에 조용히 숨어 있어 아는 사람만
아는 곳으로 통한다. 육수의 깔끔한 감칠맛에 어우러지는 상큼한
스다치 향의 조합이 감탄을 자아낸다. 맑으면서 풍부한 맛의 다시는
어떻게 국물을 냈나 싶을 정도로 탐이 나고, 푸른 정원을 바라보며
한 올 한 올 아끼는 마음으로 면을 먹고 있자면 여름날의 더위가
기세를 푹 숙이는 것 같아 불현듯 한적한 기분이 든다. 이곳에서
직접 만든 가느다란 소바 면은 목넘김이 좋아 줄어드는 것이 아쉬울
정도다. 무엇보다 씁쓸하고 시큼상큼한 스다치를 잘근잘근 씹고
있으면 청량감 넘치는 여름의 맛이 온몸의 세포 곳곳에 찌릿하게
전달되는 느낌이다. 소바 위에 올려진 스다치까지 한 그릇을 깨끗이
다 비우고 나면, 그제야 비로소 '아! 여름이다!' 싶다.

한국에서는 청귤, 풋귤, 영귤 등 다양한 종류의 푸른 귤이
생산되는데 자세히 따지고 보면 세 가지 모두 다른 종이다. 우리가
흔히 '청귤'이라 부르는 초록 귤은 현재 대부분 풋귤을 뜻하는데,
진짜배기 청귤은 제주에 거의 남아 있지 않다고 한다. 청귤은
영귤에 비해 신맛이 적고, 조선 시대에는 귀해서 약재로 사용했다고
하며, 우리나라에서 일본으로 건너간 품종으로 동아시아의 여러
지역에서 야생하고 있다.
그런가 하면 제주의 옛 이름인 영주('신선이 살 만한 곳')의 '영'을 따서,
신들이 먹는 귤을 '영귤'이라 불렀다. 영귤의 주 산지는 일본의

도쿠시마현으로 엄밀히 말하면 스다치가 곧 영귤인 셈이다. 귤과 비슷하지만 좀 더 작고 동그란 형태를 띠고, 마치 라임과 같은 톡 쏘는 신맛이 특징이다.

'풋귤'은 말 그대로 익지 않은 감귤을 말하는데, 감귤이 익기 전 파란 상태에서 수확한다. 신맛은 덜하지만 부드러워서 주로 청으로 만들어 먹는다. 제주에서는 8월 중순~9월 초까지만 재배할 수 있어 우리나라에선 딱 여름 중후반 시즌에만 먹을 수 있는 소중한 귤이다. 항암, 항산화, 혈압 상승 억제와 콜레스트롤을 낮추는 효과가 있다고 한다.

청귤이든 영귤이든 사실 귤의 종류는 그다지 중요한 것이 아니다. 자연과 농부들이 두 손 모아 애지중지 키운 세상의 모든 귤은 모두 똑같이 귀중하고 또 다르게 맛있으니까. 한국에 돌아온 이후 나는 여름의 끝자락에서 제주산 청귤(풋귤)로 소바를 만들어 먹는다. 혀 안을 기분 좋게 쏘는 맛은 한여름 날의 스다치보다는 덜할지 몰라도, 풋풋하고 부드러운 신맛의 청귤 소바는 지난 여름의 기억을 마무리하는 나만의 야무진 송별회가 된다. 아무도 모르게, 미세하게 짧아지는 낮의 시간. 여름과 가을 사이 바람의 결이 문득 바뀌는 날. 그런 날엔 어김없이 청귤 소바를 만들며 또 하나의 계절을 떠나 보낸다.

청귤 소바

재료

청귤 4~5개 정도
소면 또는 메밀면 1인분
간 무 약간
시소 1장(optional)

+멘쯔유
물 1L
다시마 10g
가츠오부시 20g
우스구치 쇼유* 25ml
간장 25ml
미림 50ml
설탕 1/2작은술

만드는 법

1. 청귤은 베이킹 소다와 식초를 넣은 물에 잠시 담가두었다가 깨끗이 씻고 얇게 썬다. 무는 갈아서 물기를 짠 후 동그랗게 만들어놓는다.
2. 멘쯔유를 만든다. 냄비에 분량의 물을 담고 다시마와 가츠오부시를 넣고 끓인다.
3. 끓으면 약불로 줄이고 5~7분 정도 더 끓인다.
4. 별도의 냄비에 거름망을 받치고 3을 부은 후 남은 다시마와 가츠오부시는 거름망 위에서 숟가락으로 눌러 남아 있는 깊은 맛을 한 번 더 우려낸다.
5. 4에 두 가지 종류의 간장, 미림과 설탕을 넣어 섞는다.
6. 다시 한 번 끓인 후 불을 끄고 그대로 식힌다. 남은 청귤은 짜서 즙을 잘 섞어준 후 냉장고에 차게 식힌다.
7. 소면이나 메밀면을 포장지에 쓰인 시간대로 삶은 후 찬물에 치대며 여러 번 헹궈 물기를 뺀다.
8. 냉장고에 미리 넣어두어 차게 식힌 그릇에 삶은 면을 담은 후 잘라놓은 청귤을 원을 그리듯 살짝 겹쳐가며 둘러준다.
9. 간 무, 시소 등의 고명을 올린 후 6의 멘쯔유를 살짝 잠길 정도로 붓는다. 얼음을 1~2개 넣어도 좋다.

* 엷은 색 간장. 짠맛은 오히려 강하다.

- 간장의 경우, 우스구치 쇼유를 활용하면 육수 색이 보다 맑게 나올 수 있다. 만약 없다면 일반 간장을 사용해도 무방하다.
- 메밀면 외에도 소면, 우동 등 원하는 면을 써도 된다.
- 무, 시소, 오쿠라 등의 재료를 장식하면 보다 청량한 여름 맛을 낼 수 있다.

삶의 환희

솔 뫼니에르

일본에 살 때 생선 요리를 자주 해 먹었다. 집 앞 슈퍼에 갈 때마다
출석 체크하듯 들여다보던 '오늘의 생선' 코너에는 싱싱한 그날의
생선이 어여쁘게 단장한 모습으로 손님의 간택을 기다리고 있었다.
다양한 종류의 제철 생선이 가지런히 진열된 풍경을 보면서 나는 늘
내가 있는 곳이 바다와 가깝다는 걸 깨닫곤 했다. 일본에서 계절의
변화는 바다로부터 가장 먼저 오는 것이라고–아무도 가르쳐주지는
않았지만–자연히 그렇게 느끼게 됐다.

좋아하는 생선을 말하라면 트럭 한 대 정도의 개수를 읊을 수
있지만 그중 조금 특별하게 아끼는 생선이 있다. 바로 가자미다.
이 친구는 비린내도 없고 납작한 게 세상 무해한 느낌이랄까.

순둥순둥하고 보드라운 흰색의 속살을 씹고 있자면 예의 그
담백하고 맑은 맛에 푹 빠지고야 만다. 겉과 속이 같은 사람을
편애하는 나의 취향은 생선에도 적용되는 것 같다. 가자미는
고단백에 저지방이라 여름 흰살생선의 대표 주자격으로 불리지만—
여름에 살이 제일 맛있다고 알려져 있다—겨울과 봄에 걸쳐 나오는
알배기 가자미도 그만의 매력이 있다.

개인적으로 가자미를 가장 맛있게 즐기는 조리법은 최대한 이
깨끗한 생선 맛을 살리는 것이라고 생각한다. 그중 내가 제일
좋아하는 건 프랑스식 가자미 버터구이. 프랑스어로 '솔 뫼니에르(sole
meunière)'라 불리는 이 요리는 겉보기에는 그럴싸한데 정말
간단하고 맛있어서 즐겨 만든다. 메뉴 이름에도 재미있는 이야기가
숨어 있다. 뫼니에르의 뜻은 '제분업자'. 생선에다 밀가루를 묻히는
방법이 제분소집 딸이 밀가루를 뒤집어쓴 모습과 닮았다는 것에서
붙여진 귀여운 명칭이다. 한마디로 밀가루 옷을 입힌 생선을
버터에 튀기듯 굽는 요리다. 물론 뫼니에르는 도미, 농어 등 다른
흰살생선류에도 활용할 수 있다. 만들 때 주의 사항은 단 하나, 마음
여린 친구를 대할 때처럼 살살 다룰 것. 다치치 않게. 그것 뿐이다.

어느 날 영화 〈줄리 & 줄리아〉를 보다가 솔 뫼니에르가 나와서
'역시!' 하고 감탄하면서 혼자 박수를 쳤던 기억이 난다. 극중
전설적인 요리 연구가 줄리아 차일드*(메릴 스트립 역)가 파리에 와서

맨 처음 먹었던 요리로 등장하는데, 그녀는 실제로 뉴욕 타임즈에
이 요리에 대해 '영혼과 정신의 해방'이라고 회고했다고 한다. 훗날
르 코르동 블루에 입학해 본격적으로 요리 공부를 하게 됐으니,
그녀의 새로운 인생에 포문을 연 마법 같은 요리라고 할 수 있지
않을까.

생선 냄새를 맡은 줄리아가 처음 외치는 단어는 "버터!"다. 맛을
보자마자 그녀는 말한다. "세상에!" 나도 솔 뫼니에르를 먹을 때마다
언제나 '아!' 하는 작은 감탄사를 낸다. 입에 착 달라붙는 촉촉한
가자미 속살에 버터, 레몬, 파슬리, 케이퍼의 궁합이 자아내는 맛의
폭죽은 그저 삶의 환희(joie de vivre)! 먹다 보면 별안간 머릿속에
로베르 들로네**의 작품 〈Rythme, Joie de vivre〉가 떠오른다. 아마
그도 솔 뫼니에르 같은 걸 먹으며 이 그림을 그렸을 거야. 그만큼
상큼하고 은은하고 또 다채로운 풍미가 입안에서 리드미컬하게
날아다닌다. 이쯤되면 자연스레 차갑게 칠링한 화이트와인이
간절해질 것이다. 한 잔이 곧장 두 잔, 세 잔으로 이어진다면…. 문득
세상의 모든 생선이 사랑스럽게 느껴질지도 모른다.

* 미국에 프랑스 요리의 맛과 멋을 알린 요리 연구가이자 셰프. 파리의 명문 요리학교
르 코르동 블루에서 공부하고 시몬 베크와 루이제트 베르톨과 함께 1951년 레콜 데 트
루아 구르망드(L'Ecole des Trois Gourmandes)라는 요리 학교를 열기도 했다. 《프랑스
요리의 기술》(Mastering the Art of French Cooking), 《Julia's Kitchen Wisdom》 등의
책을 출간했다.
** 대담한 색채와 면, 선의 율동감으로 음악적인 작품을 선보였던 오르피즘 작가
(1885~1941).

솔 뫼니에르

재료

손질한 가자미 필레 1개
밀가루 약간
버터 3큰술
올리브오일 적당량
레몬즙(레몬 1/2개 분량)

화이트와인 1큰술
케이퍼 2작은술
이탈리안 파슬리 3줄기
소금, 후추 약간

만드는 법

1. 손질한 가자미의 수분을 키친타월로 닦고, 소금과 후추를 뿌려 10분 정도 상온에 둔다.
2. 파슬리는 잘게 다지고, 마지막에 요리에 뿌릴 분량을 따로 덜어둔다. 레몬도 미리 즙을 낸다.
3. 가자미에 밀가루를 앞뒤로 얇게 골고루 묻히고, 여분은 잘 털어낸다.
4. 프라이팬에 올리브오일과 버터 1큰술을 섞어서 넣고, 약불에 녹인다.
5. 중불에서 준비한 가자미의 양면을 노릇노릇하게 튀기듯 굽는다. 각각 2~3분 정도면 충분하다. 한 번 뒤집은 다음엔 뚜껑을 닫아 익혀줘도 좋다.
6. 접시에 구운 가자미를 담고, 쿠킹 호일로 위를 잠시 감싸 온도를 유지시킨다.
7. 가자미를 구운 프라이팬에 그대로 올리브오일, 버터 2큰술을 넣고, 레몬즙 절반과 화이트와인, 다진 파슬리, 케이퍼를 약불에 섞어 소스를 만든다.
8. 서브용 접시를 준비한다. 잘 익힌 가자미 위에 7의 소스를 뿌리고 남은 레몬즙을 가볍게 한 번 더 뿌려준다. 남겨둔 파슬리도 살짝 더해서 낸다.

• 가자미는 섬세한 속살을 가지고 있어서 부서지기 쉬운 생선이다. 익히는 동안 많이 건드리지 않도록 한다.
• 케이퍼는 너무 많이 넣으면 맛의 밸런스가 깨진다.
• 삶은 감자를 곁들이면 더욱 조화로운 한 끼 식사가 된다.

고다 치즈와 취향,
고다형 인간

어릴 땐 엄마의 영향으로 브리 치즈를 주구장창 먹다가 언젠가부터 파르미지아노 레지아노와 블루 치즈, 콩테, 브리야 사바랭으로 점점 옮겨가는가 싶더니, 요즘은 뒤늦게 녹진하고도 고소한 버터 맛 고다 치즈의 매력에 푹 빠졌다.

그러고 보면 취향이란 단지 한 사람의 기호에 머무는 것이 아니라 누군가의 발자취를 엿볼 수 있는 척도가 아닐까. 우리가 일상에서 만나는 사람들과 주위 환경, 경험의 폭에 따라 아주 조금씩 진화를 거듭해 가며 확장해 가는 그 무엇. 무언가에 취향과 나만의 애착이 생기는 것은 사실 일상의 작은 발견과 기쁨의 조각들이 쌓아 올린 각자의 소중한 행복이자 사랑이 아닐까 한다.

어느 순간부터 고다 치즈를 즐겨먹고 좋아하는 사람이라 하면
성격이 대충 그려지곤 했다. 내게 고다형 인간이란, 겉으로는 복잡해
보이지만 실은 누구보다 속내가 단순하며 심플한, 군더더기 없는
사람 같다. 그런 사람은 꿍꿍이가 없고, 순수한 마음을 지녔다.
진하면서도 똑 떨어지는 깔끔한 뒷맛이 매력적인 고다. 그런 친구는
의외로 흔치 않으므로 만날 때는 늘 설레고 만나고 나면 감사한
마음이 들곤 한다.

토마토 오히타시
& 토마토 소면

고백하자면 어릴 적 나는 토마토를 좋아하지 않았다. 정확히 말하면
생토마토다. 달지도 않고 시큼하기도 하며, 과일도 아니고 그렇다고
채소도 아닌 것 같은 애매모호함이 별로였다. 토마토는 익히거나
구우면 맛이 완전히 고혹적으로 변하는데, 생으로 먹으면 내 맛도
네 맛도 아니게 느껴지곤 했다. 그러던 내가 생토마토를 좋아하게
된 계기는 20대 때 다닌 이탈리아 출장과 여행 덕분이었다. 어느
식당에서 '판 콘 토마테(pan con tomate)'를 먹어보고는 토마토에
관한 편견이 와장창 깨져버렸던 것이다. 판 콘 토마테는 이름
그대로 토마토 생즙을 빵에 발라 먹는 별거 없는 요리인데, 어찌나
달콤하고 진한 감칠맛이 나던지! 잘 구운 빵에 방울토마토를
문지르고 마늘을 얹은 후 올리브오일과 소금을 뿌리면 끝. 나는
그때 먹은 토마토가 지금껏 먹어본 생토마토 중에서 충격적일

정도로 가장 맛있었다.

물론 그 후에도 집에서 먹는 생토마토는 꺼리곤 했다. 한국에서
먹는 토마토는 아무래도 태양을 가득 머금은 이탈리아의 토마토
맛에 비할 데가 아니니까. 그런데 일본에 살면서 다양한 이탈리안
레스토랑을 찾아다니고, 요리를 즐겨하며 다시 토마토가 좋아졌다.
그보다는 그동안 토마토의 진가를 몰랐었다는 말이 적확할 것이다.
일본에서는 유독 요리에 토마토를 다채롭게 쓴다. 토마토 베이스의
스파게티, 마르게리타 피자, 라자냐와 같은 대중적인 이탈리아
요리뿐 아니라 일상적인 일본 요리에서도 토마토를 많이 활용한다.
그러니 토마토의 품종도 산지도 다양하다. 우리나라와 비교해
날씨도 더 따뜻하고, 토양과 물을 비롯해 일본이 가진 다양한
환경적 요건이 토마토 재배에 수월한 것인지도 모르겠다.

여름이 되면 슈퍼마켓의 채소 코너 중앙은 언제나 토마토 차지였다.
주인공이라는 뜻이다. 나는 무의식적으로 손을 뻗어 카트에
토마토를 담곤 했다. 탱글탱글 모양도 예쁜 토마토를 집에 가져와
그대로 철제나 나무 바구니에 넣어놓으면 정물화가 따로 없었다.
각양각색의 채소는 사실 그 자체로 아름다워서 조리대로 옮기기
전 잠시 감상용으로 테이블 위에 올려놓고는 했는데, 그 중에서도
토마토는 으뜸이었다. 모양이야 파프리카나 라 프랑스(서양배) 같은
화려한 친구들과 비교해 평범하기 그지없지만, 반들반들 윤이 나는
새빨간 토마토에는 계절의 기쁨이 응축되어 있는 것 같았다. 그것은
여름을 향한 순진하고 원시적인 예찬! 마치 꾸밈없는 어린아이를

바라보듯 행복해졌다. 마티스도 채소와 과일 정물화를 즐겨
그렸는데, 어떤 마음과 표정으로 그것들을 그렸을지 상상이 가서
피식 웃음이 나온다. "내가 토마토를 파랗게 본 유일한 사람이라는
사실이 유감스럽다."라고 말했던 그의 말에서 미루어 짐작컨대,
마티스는 토마토를 편애했는지도 모른다. 만지면 톡 하고 터질 것
같은 토마토야말로 강렬한 색채가 폭발하는 그의 작품 속에서 지지
않을 만큼의 존재감을 가지고 있으니까. 실제로 마티스의 '붉은
실내' 연작에서 잘 드러나듯 그는 유독 붉은색의 생명력을 사랑했던
것 같다.

토마토 안에는 알알이 영근 여름이 그대로 녹아 있다. 솔직히
말해 이방인으로 도쿄에서 살았던 여러 번의 계절을 나는
토마토에 의지하며 지냈다고 해도 과언이 아니다. 늦은 밤 집
앞의 이자카야에서 혼술을 기울일 때 토마토는 나의 좋은
술친구가 되어주었고, 여름이 되면 으레 습관처럼 만들던 토마토
마리네이드를 반찬처럼 집어먹으며 더 많은 사람들이 제철 재료를
가지고 요리했으면, 그래서 생의 즐거움을 좀 더 생생하고 가깝게
느꼈으면 좋겠다고 진심으로 바라던 때가 있었다.
그러니까 토마토는 계절의 축복이다. 여름에 푹 잘 익은 토마토를
만났다면, 살면서 나를 알아주는 좋은 친구를 만날 때처럼
절대로 놓치지 말 것. 그리고 다음에서 소개하는 아주 단순한
요리를 해보길 바란다. "재료가 좋으면 복잡한 조리 과정은 다
사족이다."라고 말했던 한 셰프 친구의 말을 떠올리면, 마음에 드는

토마토만 손에 넣는다면 요리의 절반은 끝났다고 봐도 된다. 그러니
"색은 단순할수록 내면의 감정에 더 강력하게 작용할 수 있다."고
말한 마티스의 명언에 '색' 대신 '요리'를 넣어도 무방할 것이다.
요리는 단순할수록, 때로는 내면의 감정에 더욱 강력하게 작용할
수 있다. 그리고 우리에게 가장 단순하면서 든든한 친구는 바로
토마토가 되어줄 것이다.

여기, 내가 여름날에 즐겨먹는 토마토 오히타시와 토마토 소면을
소개한다. 가정에서 혹은 일본 가정식 식당 그리고 이자카야에서
즐겨 볼 수 있는 토마토 오히타시는 남녀노소 즐겨먹는 반찬이자
훌륭한 술안주다. 토마토 절임 정도로 이해하면 좋다. 토마토
소면은 불 쓰기 힘들고 입맛 없는 여름날에 가장 간단히 먹을 수
있는 한 끼 식사다. 완숙 토마토와 참치캔만 믿으면 되는 요리라서
조리 과정도 간단하고 맛도 훌륭하다. 두 요리 모두 제철 토마토의
산미와 달콤한 맛을 느낄 수 있는 별미다.

Recipe

토마토 오히타시

재료

완숙 토마토 3~4개(보통 혹은 살짝 작은
　크기)
저민 생강 조금(optional)
시소 또는 깻잎 1장

+절임액
다시물 300ml
간장 2큰술
미림 2큰술

만드는 법

1. 토마토는 꼭지에 칼로 동그랗게 칼집을 넣어 꼭지를 빼낸 후 반대편으로
   돌려 중앙에 열십자 칼집을 낸다.
2. 다시물에 간장과 미림을 차례로 섞은 후 식힌다.
3. 시소 혹은 깻잎은 잘게 잘라 준비한다.
4. 끓는 물에 1의 토마토를 30초 정도 넣은 후 꺼내어 찬물이나 얼음물이
   담긴 볼에 식힌다.
5. 토마토의 껍질을 벗긴 후 물기를 닦는다.
6. 저장 용기에 토마토를 담고, 2의 절임액을 부은 후 냉장고에서 최소
   3~4시간 숙성한다.
7. 한 시간마다 토마토의 앞뒤를 돌려주고 절임액을 끼얹어주며 골고루
   스며들게 한다.
8. 그릇에 7의 토마토를 담고 시소 혹은 깻잎, 저민 생강을 장식해 낸다.

- 만들고 나서 최대 일주일 내에 먹도록 한다.
- 집 앞 이자카야에서 혼술하며 얻게 된 셰프의 팁 하나. 토마토를 한번 숙성하고 남은
  절임액에 다시 새로운 토마토를 넣어 반복하면, 토마토의 산미가 더해져 한결 풍부한
  맛을 즐길 수 있다.

Recipe

토마토 참치 소면

재료

소면 200g
토마토 1개
참치 1캔
시소 또는 깻잎 2장
쯔유 혹은 간장 2~3큰술

참기름 1큰술
깨소금 1큰술
소금 약간
후추 약간

만드는 법

1. 토마토는 꼭지를 떼고 1cm 길이로 깍둑썰기한다.
2. 시소 혹은 깻잎도 가늘게 썰어둔다.
3. 냄비에 물을 넣고 끓으면 소면을 포장지의 설명에 따라 삶는다.
4. 볼에 토마토와 기름을 뺀 참치를 넣고 잘 섞은 후 분량의 간장, 참기름, 깨소금, 소금, 후추로 간한다.
5. 익은 소면을 찬물에 여러 번 치댄 후 물기를 제거하고, 4의 볼에 넣고 잘 섞는다.
6. 그릇에 담은 후 시소 혹은 깻잎으로 장식한다.

- 쯔유는 2큰술을 먼저 넣어보고, 간이 부족하다면 간장 1큰술을 추가한다.
- 소금 대신 시오콘부를 넣으면 좀 더 일식 느낌을 낼 수 있다.
- 위의 레시피 대신 이탈리아풍으로 응용해도 맛이 색다르다. 레시피의 큰 틀은 동일하나 소스를 만들 때 올리브오일 2큰술, 폰즈 2큰술, 레몬즙 1작은술, 후추를 섞은 후 여기에 소면을 버무리면 된다. 면은 소면 혹은 카펠리니 면이 잘 어울린다.

어른의 맛

보리굴비

어릴 때는 밥을 참 안 먹어서 엄마가 따라다니며 먹여주던 기억이
난다. 그때 제대로 안 먹어서 지금 이렇게 잘 먹는 걸까 싶을 정도다.
엄마는 주로 김에 밥을 싸주거나 생선 살을 발라 밥 위에 얹어주곤
했다. 밥 먹기가 싫어 그렇게 도망 다니던 때가 생생한데, 지금은
생선구이에 찌개 하나, 나물 반찬이 있으면 밥 한 그릇이 뚝딱이다.

얼마 전에는 일이 잔뜩 몰려 몸이 한창 지쳐 있었다. 무슨
부귀영화를 누리며 살겠다고 이렇게까지 해야 하나, 마감에 잔뜩
압박감을 느끼면서 출구 없는 미로 같은 상황에 답답해하고 있었다.
그러다 겨우겨우 꾸역꾸역 길었던 마감을 끝냈더니 그제서야
긴장이 풀렸는지 갑자기 하혈을 하는 것이었다. 내가 선택한 일을 한

것뿐인데 몸은 또 뭐 그리 억울했을까. 무대를 끝낸 가수의 마음이 이와 비슷할까. 왠지 모를 허탈감과 공허함에 울적해지던 찰나, 병원에 다녀와서 내가 나를 더 챙겨야겠다는 의지가 샘솟았다. 지난 한 달, 열심히 최선을 다해 산 내게 보약을 선물해야지. 나는 망설임 없이 냉동실에 아껴둔 보리굴비를 꺼냈다.

보리굴비는 예나 지금이나 일상적으로 먹는 음식은 아니다. 참조기를 1년 이상 간수를 뺀 천일염 소금물에 수차례 염장하고, 구부러지지 않게 차곡차곡 무거운 돌로 눌러 6개월 이상 말리면 굴비가 된다. 이름의 유래도 재미있다. 고려 말인 1126년 '이자겸의 난'을 일으켜 영광 법성포로 유배된 이자겸이 염장 조기를 처음 맛본 뒤 놀라서 왕에게 진상을 올렸는데, 이때 왕에 대한 충정의 뜻을 담아 '굴비(屈非)'(선물은 보내나 굴한 것은 아니다)라고 써서 올린 데서 유래되었다는 것이다. 보리굴비는 해풍에 자연 건조한 참조기를 통보리와 함께 켜켜이 쌓아서 1년 이상 숙성해 만든 것을 말한다. 냉장고가 없던 시절 생선을 오래오래 먹기 위해 선조들이 고안해낸 지혜의 산물이다. 굴비를 보리쌀에 넣어 보관하면 곰팡이가 나지 않고 살이 썩지 않는다. 또 보리의 쌀겨 성분이 굴비를 숙성시키면서 짠맛과 비린내를 밀어내고, 대신 살은 쫀득쫀득 단단해진다. 기름기는 빠지고 담백한 맛만 남는 굴비에는 보리 향이 자연스럽고 은은하게 배인다.

보통 굴비는 쌀뜨물에 담갔다가 파 등을 넣고 쪄서 먹으면 되는데,
나는 얼마 전 들른 은마상가에서 손질이 간편한 영광 보리굴비를
사왔다. 프라이팬에 참기름을 두르고 앞뒤로 진득하게 구우면 끝.
이미 깨끗하게 손질을 해놓은 굴비라서, 불조절만 잘하면 겉은 바삭,
안은 촉촉한 보리굴비를 집에서도 간편하게 즐길 수 있다.
나만을 위한 한상을 차리고 있으니 문득 언젠가 업계의 어른이
내게 보리굴비나 먹으러 가자며 연희동의 한정식집에 데리고 갔던
날이 생각났다. 그의 제안에 나는 조금 어리둥절했다. '보리굴비나
먹으러 가자'는 말은 누구에게나 쉽게 하는 말은 아니니까. '임금님
수랏상에 오르곤 했던 귀한 보리굴비 아닌가' 속으로 그렇게
생각했다. 놋그릇에 담긴 시원한 녹차물에 밥을 말아 굴비를 얹으며
어쩐지 떨리고 조심스러웠다. 이제 정말 어른이 된 것만 같아서.
쫀득하면서도 부드러운 식감, 짭조름한 생선 살에 녹차의 청량한
에너지가 스며드는 묘한 맛. 그것은 바다가 키우고 바람이 보살핀
자연의 맛이었다. 그리고 '어른의 맛'이었다. 누군가 내게 제대로
된 어른 대접을 해주고 있구나, 보리굴비 밥상 앞에서 그 생생한
기분을 느낀 순간 나도 모르게 가슴이 웅장해졌다.

보리굴비는 기다림의 맛이기도 하다. 오랜 시간 자연의 정성, 사람의
손길을 동시에 거친 귀한 보리굴비에 견줄 만한 생선이 또 있을까.
굴비에서는 말린 햇볕의 맛도 진하게 나는데, 바로 감칠맛이다.
덕분에 각종 미네랄과 비타민, 단백질, 칼슘과 철분이 응축되어

집밥 보양식은 내가 나에게 해주는 작은 위로이자 앞으로 나아가게 하는
힘이기도 하다. 시간이 조금 걸릴지라도, 때때로 나를 귀하게 대접하다 보면
눈앞에 막혔던 길이 보이기도 한다. 별 수 있나. 그렇게 다독이며 조금씩 나아가는
수밖에. 이날은 일본에서 배운 아게나스(가지 튀김)도 오랜만에 만들고, 생취나물
무침도 곁들였다. 취나물은 보통 건조 나물을 많이 썼는데 제철인만큼 생으로
무침을 했다. 간장, 액젓, 참기름, 미림에 다진 마늘은 조금만 넣고 통깨를 솔솔
뿌리면 완성이다.

하나의 성숙한 완성형 음식이 탄생한다. 테이블 위에서 몸을
시원하게 가른 쭈굴쭈굴하고 찰진 보리굴비를 보고 있으면, 고재나
수석, 분재에서 느껴지는 고태미(古態美)가 흐르는 것 같다.

갓 지은 밥에 차가운 녹차물을 붓고 얼음을 띄워 잠시 관찰하니
밥알들이 한 알 한 알 두둥실 부풀어 오른다. 밥의 단맛이 맑은
녹차와 만나니 이내 밥그릇 가득 풋내 나는 초여름이 담겼다. 작년
도쿄의 편집숍 '아트 앤 사이언스'에서 사두었던 녹차를 사용하니까
기분 탓인지 몰라도 조금 더 깊고 서늘한 숲의 맛이 나는 것 같다.
여기에 쫀득하게 쪄낸 보리굴비를 살살 찢어서 밥 위에 올려 한입에
꿀떡. 입안에 오묘한 생의 순환과 기쁨, 우여곡절이 모두 느껴진다.
순간 코끝이 찡했다.

한여름 쨍한 번개

히야시추카 소바

일본에서 본격적으로 요리를 하면서 내가 가장 크게 배운 것은
계절을 입안에 들이는 방법이었다. 일본 요리는 재료 본연의
맛 못지 않게 계절감을 최우선시한다. 대부분의 식당이 제철
식재료를 중심으로 운영된다. 우리가 흔히 주방장 맡김 요리를
'오마카세(おまかせ)'*라 부르는 것도 이렇듯 계절에 나는 식재료를
중시하는 문화와 풍습에서 비롯된 것이다.

나에게 있어 일본의 여름을 여는 면 요리는 크게 두 가지가 있다.
하나는 스다치 소바, 다른 하나는 히야시추카 소바(冷やし中華そば)다.
둘의 공통점은 쨍한 한여름의 태양을 닮은 찡한 맛이라는 것. 특히
6월이 되면 동네 라면집에는 약속이나 한 것처럼 히야시추카 소바를

* '맡긴다'라는 뜻의 일본어로, 메뉴판이 따로 없이 그날의 음식을 주방장이 알아서
만들어 내는 일본식 코스 요리.

한정 메뉴로 출시하고, 슈퍼에는 일제히 이 중국식 냉면을 손쉽게
만들 수 있는 재료 패키지가 매대에 등장하기 시작한다. '여름엔
다같이 이 소바를 먹자고요!' 하고 무언의 약속을 외치는 것 같아서
나도 자연히 그 대열에 끼게 된다. 그러고 보면 계절의 흐름이란 참
반갑고도 감사한, 삶의 응원가가 아닐까 한다.
예전에 일본 요리 수업에서 중화 냉면을 배워 온 이후로 나는
집에서도 이 메뉴를 종종 만들어 먹게 됐다. 다시물을 내서 간장,
설탕, 식초 등을 섞어 홈메이드 쯔유를 만들고 미리 준비한 고명을
올려 차갑게 먹으면 끝. 보기엔 화려한데 후루룩 손쉽게 한 끼를
때울 수 있어서 좋다.

참고로 나폴리에 나폴리탄이 없는 것처럼 중국에는 중국 냉면이
없다. 그런 점에서 히야시츄카 소바는 중화권 지역에서 보기
힘들다는 짜장면이나 짬뽕과 비슷한, 일본식 중화요리라고 할 수
있다. 물론 한국에도 중국식 냉면이 있는데 일본식과는 육수와
소스, 고명 구성에 다소 차이가 있다. 한국에서는 닭육수를
베이스로 해산물 등을 곁들이고 묵직한 땅콩소스가 들어가서 좀
더 담백하고 고소한 맛을 추구하는 반면, 일본에서는 주로 간장과
식초 베이스에 햄과 단출한 채소, 설탕, 겨자 정도로 맛을 내어 더운
날 불량식품을 먹는 것처럼 혀가 절여지는 느낌을 받는다. 뭐가 더
낫고 맛있느냐는 논하기 어렵고, 다분히 입맛과 취향의 차이다. 다만
나는 조금 텁텁하게 느껴지는 땅콩소스보다는, 습한 무더위를 삼킬

만큼 쨍쨍한 간장 맛의 일본식을 선호하는 것일 뿐.

쫄깃쫄깃한 춤을 추는 중국식 면발에 겨자로 알싸함을 야무지게 입힌 국물. 이윽고 입안에 짜릿짜릿한 맛의 번개가 친다. 여기에 입가심을 하고 싶다면 냉장고에서 시원하게 기다려준 맥주 한 캔을 따면 된다. 절절한 여름날, 완벽한 마침표다.

히야시추카 소바

재료

중화면 1인분

+육수
다시물 400ml
간장 7큰술 반
설탕 2큰술
식초 5큰술
참기름 2큰술

+고명
로스 햄 적당량
오이 1/2개
토마토 2조각
달걀 1개
소금 1꼬집
식용유 1큰술
겨자 약간
무순 약간
게맛살(optional)

만드는 법

1. 다시물을 내어 계량컵에 옮겨 담는다. 따뜻할 때 간장, 설탕, 식초를 넣고 잘 섞은 후 냉장고에서 차게 식힌다. 식으면 마지막에 참기름 1큰술을 넣고 섞는다.

2. 햄과 오이를 채 썰어 준비하고, 토마토는 가로로 반을 갈라 꼭지를 제거하고 얇게 썬다.

3. 달걀은 별도의 작은 볼에 풀어 소금 한 꼬집을 넣고, 기름을 두른 프라이팬에 지단을 부친다. 완성된 지단은 한 김 식히고, 곱게 채 썬다.

4. 중화면을 봉지의 표기된 시간대로 삶고 찬물에 행궈 전분기를 뺀다. 깊이가 있는 면기에 담는다.

5. 면기에 차게 식힌 1의 육수를 붓고 준비한 고명으로 장식한다.

6. 마무리로 참기름을 1큰술을 살짝 뿌리고 입맛에 따라 겨자를 곁들여 낸다.

• 일본 요리를 할 때는 주로 '카야노야(茅乃舍)'*의 다시팩을 쓰는 편이다.

* 1893년 창업한 일본 식재료 브랜드. 도쿄에는 도쿄역, 니혼바시, 롯폰기 미드타운 등에 매장이 있다.

- 간장은 대만의 홍장과 진간장을 섞어 쓰면, 맛이 한결 부드럽게 나온다.
- 달걀을 풀 때는 젓가락의 각도를 직각으로 세워서 재빨리 풀어주면 고르게 잘 풀린다.
- 지단을 부칠 때는 키친타월을 접어 식용유를 그 위에 뿌린 후 프라이팬을 닦듯이 얇게 발라주면 고운 지단을 만드는 데 도움이 된다.

우여곡절 추억의 맛

나폴리탄

나이가 들수록 맛있는 음식을 먹을 때마다 불쑥 이런 생각이 들곤
한다. '아! 이 맛을 잊지 말아야지!' 음식도 사람처럼 잠깐 머물다
사라진다는 것을 알게 되어서일까. 언제 딱 이렇게 마음에 드는
맛을 또 만날 수 있을까 싶어서, 언젠가는 그때의 공기와 냄새와 내
기분만 남는 것이 아득하게 느껴져서, 천천히 입안에서 곱씹으며
잊지 않겠다고 되뇐다. 그런 의미에서 살면서 기억에 남는 음식이란
모두 각자의 소중한 추억이라 부를 수 있을 것이다. 나의 모든
감각을 곤두세워 간직하고 있는 기억. 내게 그 중 하나는 나폴리탄
스파게티다.

분명히 어릴 때 어디선가 먹어본 것 같은 맛이었는데, 나폴리탄의

매력에 제대로 빠진 것은 도쿄에서 생활할 때다. 주로 오래된
경양식 집이나 킷사텐의 대표 메뉴로 등장하는 나폴리탄은 조금
퍼진 스파게티 면에 소시지, 피망, 양파, 버섯이 새콤달콤한 케첩에
푹 빠져 있는 일본식 스파게티. 뭐 대단한 요리도 아닌데 가끔씩
이게 그렇게 생각나서, 나폴리탄을 잘한다고 알려진 많은 식당을
기웃거려 왔다. 실제로 내가 만난 일본 사람들 중 나폴리탄을
싫어하는 사람은 단 한 명도 보지 못했다. 왜일까. 다 아는 맛인데
묘한 중독성이 있어서일까. 분명한 건 먹으면 왠지 안심이 되는
맛이라는 것이다. 전혀 다른 요리이긴 하지만 굳이 맛의 그래프
상에서 비슷한 음식을 표시해 보자면, 잔치국수 역시 이 '안도의
맛'에 포함될 것이다.

나폴리탄은 일본에만 있는 음식이지만 이름의 원형을 찾자면
이탈리아 남부 나폴리를 언급하지 않을 수 없다. 나폴리 지방은
예로부터 토마토로 유명했는데, 20세기 초 나폴리에서 뉴욕으로
이주한 이민자들이 뉴욕에서 나폴리와 같은 맛있는 토마토를 구할
수 없자 토마토 케첩으로 대체해 스파게티를 만들어 먹었다는 설이
있다. 여기에 착안해 이 요리에 나폴리탄이란 이름이 붙여졌다는 것.
그러나 실상 나폴리 지방과 나폴리탄의 연관성은 없다고 보면 된다.
실제로 이탈리아 사람들은 일본식 나폴리탄을 보고 질색한다고.
그들의 표정을 상상하면 큭큭 하고 웃음이 나오지만 나폴리탄이
맛있는 것도 내겐 어쩔 수 없는 일이다.

일본에서 만들어진 나폴리탄의 시초를 알기 위해서는 전쟁 후의
요코하마로 시간을 되돌려야 한다. 1945년 패망 후 연합군의
최고 사령관이었던 맥아더 장군이 일본에 주둔했던 1952년까지,
장교들의 숙소는 요코하마의 호텔 '뉴 그랜드'*로, 그들이 가져온
식량에는 대량의 스파게티 면과 토마토 케첩이 있었다. 미군들은
당시 케첩에 소금과 후추로 간을 더한 스파게티를 즐겨 먹었는데,
미군이 철수한 후 대량으로 남겨진 재료를 본 이 호텔의 2대 주방장
이리에 시게타다가 시행착오를 거쳐 토마토 케첩 맛의 스파게티를
고안해낸 것이 그 시작이라고 한다. 그런데 정작 재밌는 건 이
호텔의 나폴리탄에는 케첩이 전혀 안 들어간다는 사실이다. 굵게 썬
토마토, 토마토 홀, 토마토 페이스트에 마늘과 양파, 올리브오일을
사용한다고. 생각해보면 당시 서양인을 상대한 고급 호텔이었으니까
제공할 수 있는 최선의 재료로 건강하고 영양가도 있는 별미를
만들었던 것이리라.

이후 나폴리탄은 1980년대 이전까지 일본 전역에서 가장 대중적으로
소비되는 스파게티의 상징이 됐다. 그러다가 버블 시대에는 인기가
갑자기 사그라들었다. 그도 그럴 것이 정통 이탈리안 레스토랑의
수가 기하급수적으로 늘어나면서, 클래식한 이탈리안 요리가
대두되기 시작한 것이다. 그 자리에 옛날식 나폴리탄은 설 자리가
없게 된 것은 당연지사. 심지어 구닥다리에 촌스러운 맛으로
치부되고 말았다. 그러나 음식의 유행도 패션처럼 돌고 도는 법.

* 1927년 창업, 요코하마를 대표하는 클래식 호텔.

구식으로 취급 받던 킷사텐의 메뉴들이 다시 주목을 받기 시작한
건 2000년대 시작된 쇼와, 레트로 붐 시기부터다. 그렇게 '왕년의
언니' 같은 나폴리탄 스파게티가 요식 업계에 화려한 부활을 알렸고,
우리가 먹는 나폴리탄은 오늘날에도 여전히 건재하다.

그러고 보면 나폴리탄의 인생사도 참 우여곡절이 많았겠다 싶다.
시대와 흐름, 대중에 치이고 휩쓸려 어느 순간 조용히 사라질 수도
있었는데. 결국 추억의 맛은 힘이 센 걸까. 나폴리탄에 들어가는
재료는 각양각색으로 어레인지가 가능하지만 필수로 들어가는
것은 피망과 양파, 소시지다. 이때 토마토 케첩을 듬뿍 아낌없이
써주면 좋다. 하지만 제일 중요한 포인트는 면이 조금 불어 터져야
제맛이라는 것. 먹기 전에는 파마산 치즈를 거침없이 뿌려준다.
중간중간 타바스코도 팍팍.
언젠가 오키나와의 이시가키 섬에서 휴가를 보내던 중 한 가게에
들어가서 먹은 나폴리탄 맛이 촉촉하게 맛있어서 주인에게 이유를
물어보니, "버터를 잘 쓰면 돼요!"라며 경쾌하게 답했다. 겉으론
호응하며 "오 역시 비결이 있었군요!"라고 했지만, 속으로는 '저기,
엄마들의 '적당히'와 뭐가 다르냐고요' 하며 허탈하게 웃었던
기억이 난다. 이시가키의 청정한 공기가 들어가서였을지 아니면
수영 후 허기진 상태로 먹은 거라 더 맛있게 느껴졌던 건지
여전히 미스테리지만, 어쨌든 결론은 '오키나와는 나폴리탄마저
맛있구나'였다.

도쿄에서는 곳곳에 즐겨 가는 나만의 나폴리탄 집이 있는데,
특히 키치죠지에 있는 '카야시마'를 애정한다. 새콤달콤한 케첩을
마술처럼 쓰는 이 집은 나폴리탄의 정석으로 불릴 만하다. 그리고
얼마 전에는 후쿠오카 여행 중에 한 도예가가 극찬한 나폴리탄이
생각 나서 먹으러 갔다. 그의 말에 따르면 화과자점 '스즈카케'의
후쿠오카 본점에 레스토랑이 딸려 있는데─다른 지점에는
레스토랑이 없다─이곳에서만 먹을 수 있는 나폴리탄이 기가
막히다는 것이었다.

빙수와 파르페를 주문하는 사람들 틈에서 우리가 시킨 나폴리탄이
타원형의 철판 위로 등장했다. 스파게티 위로는 아스라한 빛깔을 띤
온천 달걀이 올려져 있었다. 조심스럽게 가장자리부터 떠먹어보니
어라, 그동안 먹었던 킷사텐의 나폴리탄 맛과는 다른 것이 아닌가.
오히려 뉴그랜드 호텔의 나폴리탄처럼 정성을 많이 들인 별미의
맛이랄까. 면은 카펠리니보다 살짝 굵은 정도로 가늘었고, 맛은
케첩보다는 토마토를 농축한 듯한 느낌이 강했다. 킷사텐 특유의
불어 터진 스파게티 면은 아니었지만 이건 이대로 정말 맛있었다.
들어간 재료만 봐도 두 종류의 버섯을 썼을 만큼 과연 고급 버전의
나폴리탄이다 싶었다. 옆에 있던 남편은 "희한하게 먹으면 먹을수록
맛있네!" 감탄하면서 한 그릇을 금세 비웠다. 후반부에 맛의 펀치가
세게 왔다는 건 그만큼 맛의 밀도가 높았다는 것. 나의 경우 소스도
소스였지만 면이 마음에 들어 계산할 때 물어봤더니, 나이 지긋한
매니저가 냉큼 주방으로 들어가 셰프에게 묻고서 "바릴라* 면을

썼대요.”라고 말해주었다.

후쿠오카 여행의 마지막 날 저녁은 그렇게 만족스러운 방점을
찍었다. 비행기에서 내리자마자 한국인의 소울 푸드, 김치찌개를
파는 식당으로 직행하다가 문득 이금희 아나운서가 〈유퀴즈〉
프로그램에서 했던 말이 떠올랐다. “인생은 너무나 남루한 것이어서
가끔 좋아하는 사람들과 맛있는 음식을 먹으며 괜찮은 대화를
나누는 순간이 있지 않다면 우리는 견딜 수 없다.” 나는 여기에
한 마디를 더 보태고 싶다. 일상이 특별해지는 순간은 사실 별 게
아니다. 마음이 깃든 맛있는 음식을 먹는 그때 그 시간이야말로
인생의 축제가 시작되는 순간이라고. 그러니 그 찰나의 순간을 잊지
않도록 가슴 속 카메라에 잘 새겨두자고.

참고로 여기서 소개하는 나폴리탄 레시피는 2023년 여름, 서울의
한 와인 바에서 〈Tokyo City Pop up〉이란 이름으로 팝업 행사를
진행했던 당시 선보였던 메뉴를 정리한 것이다. 1980~90년대 일본
시티 팝 음악을 튼 공간에서 나는 도쿄에 살 때 즐겨했던 요리 몇
가지를 선보였다. 그중 가장 히트를 친 메뉴 중 하나이기도 하다.

＊135년 이상 4대에 걸쳐 생산하는 이탈리아의 대표적인 스파게티 면 브랜드.

나폴리탄

재료

양파 1/4개
피망 1/3개
양송이 2개
비엔나 소시지 5개(사이즈 작은 것)
스파게티 면 100g
올리브오일 적당량

+소스
헌츠 토마토 홀 통조림 1/2개

다진 마늘 1작은술
케첩 6큰술
우스터 소스 1/2큰술
설탕 1/3작은술
버터 1조각

+토핑
파마산 치즈 가루 적당량
후추 약간

만드는 법

1. 양파는 길게 채 썰고, 피망, 양송이도 가늘게 썬다. 소시지는 먹기 좋은
   크기로 잘라둔다.

2. 프라이팬에 토마토 홀을 넣고 으깬 후 다진 마늘, 케첩을 넣어 볶는다.

3. 프라이팬 한 쪽에 공간을 남겨두고, 올리브오일을 뿌린 다음 양파,
   소시지를 넣어 차례로 볶는다. 양파의 색이 하얗게 올라오면 피망,
   양송이를 넣어 같이 볶는다.

4. 2와 3을 잘 섞어 베이스 소스를 만든 후, 우스터 소스와 설탕을 넣어 간을
   맞춘다.

5. 별도의 냄비에 스파게티 면을 삶고, 4의 소스와 잘 섞어 충분히 익힌다.

6. 불을 끈 후 버터 한 조각을 넣어 비빈다.

7. 그릇에 담고 파마산 치즈, 후추를 뿌린 후 낸다.

- 헌츠의 토마토 홀에 완숙 토마토를 섞어서 써도 좋다. 오랜 시간 토마토를 써
  왔지만 토마토를 맛깔나게 쓰는 건 생각보다 노하우가 필요하다. 반드시 잘 익은
  토마토를 써야 하는 것은 물론이고, 조금만 비율을 달리해도 시큼하게 토라져버려서
  설탕이라는 구원 투수에 의지할 수밖에 없게 되니까. 맛이 훌륭한 토마토를 구할 수
  없다면 헌츠의 토마토 홀 통조림을 이용하는 것을 추천한다.
- 고급 치즈 말고 슈퍼에서 흔히 판매하는, 초록색 플라스틱 통에 들어있는 파마산
  치즈 가루를 써야 제맛이다. 꼭 그래야 한다.

한 모금의 행복

나는 애주가다. 그중에서도 편애하는 건 와인과 니혼슈 그리고
위스키. 소맥도 좋아한다. 성인이 된 후부터 지금까지 꽤 많은
술을 마셔왔고 쓴 돈의 가장 큰 부분을 차지하는 건 식(食), 아마도
먹고 마시는 데 썼을 것이다. 고로 엥겔 지수가 높다. 술 마실 때의
분위기를 좋아해서 마시는 거냐는 질문을 종종 받곤 하는데 나의
경우는 아니다. 정말로 술, 그 자체의 맛을 좋아한다. (이러면 부모님은
혀를 끌끌 차시겠지만.)

내가 기억하는 첫 술은 아빠의 안주상에 올라온 맥주를 딱 한 모금
목에 적셔봤던 초등학교 6학년 때. 커다란 양푼을 가지고 와서 학교
뒤뜰에서 즉석 양푼 비빔밥을 만들고, 여기에 알코올이 함유된

음료 같은 것을 친구들과 몰래 나눠 마셨던 중학교 1학년 때도
기억에 남는다. 그때의 술은 내게 일탈의 상징이었다. 대학교 때는 또
어땠나. 정말이지 술을 몸에 들이부었다. 우리 세븐 클럽('칠공주'라고
하지는 않았다.) 친구들은 과 새내기 때 열리는 '새로 배움터'
술자리에서 맨 마지막까지 살아남은 7명이었다. 여대인 관계로
무수히 많은 미팅을 했는데, 지금 생각해보면 술 게임을 하려고
미팅을 잡았지 싶다. 매번 상대편 학교 앞으로 우르르 몰려갔던
것도 새로운 곳에서 맛난 술을 마음껏 맛보기 위해서였다. 그때부터
내 혈액의 일정 부분은 술로 채워졌을지도 모른다. 그럼 일할 때는?
말해 뭐할까.

일본에 살면서 배운 것은 혼술의 묘미와 니혼슈의 매력이다.
패션쇼를 마치고 훌쩍 들어간 긴자의 바, 저녁을 가볍게 때우고 싶을
때 종종 들렀던 집 앞의 이자카야, 코로나 때 한국을 향한 그리움을
안고 홀짝였던 구라마에의 어느 바…. 전갱이 전문 요리집에서는
옆에 앉은 (처음 본) 일본 손님들과 안주를 오손도손 나눠먹으며 일본
문화에 관한 심도 깊은 토론을 했더랬다. 심심할 때, 누군가 그리울
때, 마음이 헛헛할 때, 술은 내게 가장 친한 친구가 돼주었던 까닭에
나에게 술이란 어느새 특별한 날에만 마시는 것이 아닌 지극히
평범한 일상이 됐다.
특히 도쿄 시절의 술은 운치와 낭만의 세계를 열어주었고 니혼슈에
대한 애정이 꽃핀 때이기도 했다. 우리가 흔히 사케라 부르는

니혼슈는 만드는 과정이 섬세하고 손이 많이 간다. 쌀을 곱게
도정해 적절한 열을 가해 쪄내고 발효하고 섞고 익히는 지난한
과정이 따른다. 마치 어린아이를 돌보듯 어르고 달래는 노력이
필요하다. 나는 니혼슈 브랜드를 크게 따지지는 않지만 물이 좋기로
소문난 니가타를 여행한 후로는 주로 니가타산 술을 편애하는
편이다. 청아하고, 깨끗하며 뒤끝이 깔끔해서다. 아키타에서도
훌륭한 니혼슈가 많이 나오는데, 매콤하고 드라이한 걸 좋아한다.
얼마 전 방문한 스시집에서는 아키타산의 '야마모토 퓨어 블랙
준마이 다이긴조'를 마셨다. 과실 향이 은은하게 퍼지면서도 똑
부러지게 아무것도 남지 않는 뒷맛에 매우 만족스러운 식사를
마쳤다. 와인은 컨벤셔널과 내추럴을 모두 다 잘 마시지만,
레드와인의 경우 섬세한 피노 누아 쪽보다는 탄닌감이 있고 다소
무거운 말벡이나 시라, 혹은 카베르네 쇼비뇽을 선호하는 편이다.
한국 술로는 일엽편주를 애정한다. 일엽편주의 경우 귀해서 더욱
아껴 마시는 술이다.

이런저런 술을 마셔보는 여정은 삶의 특별하지만 사사로운 즐거움이
되는 것 같다. 대화를 유연하게 이끌어주고 일상을 환기시키는
묘약이 되기도, 속마음을 허심탄회하게 털어놓을 방아쇠가
되어주기도 하니까. 물론 브랜드나 디테일한 정보를 알아가는 것도
재미있지만, 솔직히 음식처럼 술 지식에도 연연하지는 않았으면
좋겠다. 술 앞에서는 적당히 순진해도 될 일이다. 결국 모든 것은

상대적인 맛의 감각, 각자의 혀에 달려 있으니까. 그런 면에서 술도 책과 비슷하다. 내가 좋으면 그게 정답. 유행하는 책, 남들이 다 읽는 베스트셀러보다 중요한 건 내가 좋아하는, 내 스타일의 책을 찾는 것. 술도 마찬가지다. 으레 자신의 박식함을 자랑하기 바쁜 술 애호가보다는 자신이 좋아하는 술 스타일을 명확히 알고 마시는 사람이 오히려 세련되게 즐길 줄 아는 사람이라고 생각한다. 여기서 한 가지 팁이 있다면 술을 잘 아는 술친구를 곁에 두는 것. 그러면 술맛이 한결 깊어진다.

스콧 피츠제럴드는 '술은 현실을 더 아름답게 만들어준다'고 했다. 실제로 일을 더 잘하기 위해 술의 힘을 빌린 그는 취중 집필을 일삼았다. 명작 《위대한 개츠비》는 그렇게 탄생한 결과물이다. 나도 일할 때 와인 두어 잔을 곁들이곤 한다. 나의 글쓰기와 리듬, 와인의 향은 연결되어 있다고 믿는다. 글을 쓰는 동안은 마음 속에 혼자만의 위안과 고요, 흥분이 씨줄과 날줄처럼 오고 가는데, 그때 와인이 그 길을 부드럽게 터주고 연결해주는 윤활유가 된다. 언젠가부터는 집에서 요리할 때도 와인 한 잔을 곁에 두고 마시며 하는 습관이 생겼다. (이쯤 되면 애착 술인가.) 주방에 서면 아일랜드 식탁이 나의 온 우주가 되고, 그 안의 세상은 오롯이 내 것이 된다. 하루 중 가장 행복한 시간이 있다면 MBC 라디오 〈배철수의 음악 캠프〉를 들으며 저녁 식사를 준비하는 시간. '아 오늘 선곡 좋네!' 선율과 리듬에 장단을 맞추며 애호박을 썰고, 오이를 채 썰 때면

세상의 번잡스러운 걱정과 고민은 어디론가 휘발되고 오로지
눈앞의 재료와 나만 남는다. 잘 해 먹을 결심이 설 때 그 사이사이를
명랑하게 휘젓는 빨강색. 어느덧 자유의 날개를 단 것처럼 마음이
홀가분해진다. 수없이 많은 요리를 하며, 와인을 홀짝이며 '언제나
하루의 마무리가 딱 이만큼의 행복이었으면 좋겠다'라고 생각했다.
이때 마시는 와인은 절대로 값비싼 것이 아니다. 최대한 5만 원을
넘기지 않는 선에서 자유를 만끽한다. 싼 데다 맛있으면 기분은
더 좋은 법. 좋은 와인은 오히려 아껴두었다가 친구들과 왁자지껄
마셔야 더 행복하다. 그럴 때 행복은 두 배, 세 배로 부푼다.

그럼 술 마실 땐 무얼 먹냐고? 사실 진정한 술꾼은 안주에 크게
개의치 않는다. 안주발로 마시는 건 아니니까. 고백하자면 요리할
때는 공복에 마시는 걸 좋아하는데, 간에 좋지 않다는 걸 알면서도
독보적으로 매력적인 그 액체가 위장 속으로 빨려 들어가는
쾌감을 즐기는 편이다. 와인 한 모금이 세포 하나하나를 깨우고
적시는 느낌이랄까. 술이 지닌 향과 맛은 어쩜 그리 아름다운지!
시간과 공기, 온도에 따라 변해가는 점도 멋스럽고. 주종에 따라
다르지만 평소에는 간단히 광천김(반드시 광천김이어야 한다.)이나 너트류,
초콜릿(오랑제뜨*가 있다면 금상첨화!)을 곁들이는 편이다.
물론 각 잡고 마실 때는 안주를 만든다. 단 10분 안에 만들 수 있을
만큼 간단해야 한다. 예를 들면 아보카도 문어 사라다, 아게다시
도후, 마구로 테마키, 토마토 오히타시, 아쿠아파짜, 그때그때 있는

* 말린 오렌지필 혹은 오렌지 콩피에 초콜릿을 코팅해 만드는 프랑스의 초콜릿.

재료로 다양한 맛을 만들 수 있는 히야얏꼬 등…. 하지만 언제나
주인공은 술이라는 사실을 잊지 않는다.

지금 이 순간에도 엄마가 부쳐준 녹두 빈대떡과 함께 말벡 레드
와인을 마시고 있다. 쓸쓸하고 소박한 안주다. 그러다가 뭔가
아쉬우면 신라면 한 봉지를 뜯어 딱 절반만 끓여 해장 겸 먹는다.
그렇게 흔들흔들 마음의 나사가 헐거워짐을 느낄 때, 사실 이 맛에
사는 거 아닌가 하는 생각까지 든다. 시간을 넘고 공간의 울타리를
건너 어딘가의 세상에 도달한다. 그 끝에는 때로는 아련한 밤공기에
시를 짓고 술을 마시며 흥에 취했던 옛 화가와 문인들이 있다.

> "빛나는 필력 갖추고 관동에 왔건만
> 구름과 계곡은 아득하여 종이는 비었네.
> 술 취한 화가는 거둔 것 없이 말 타고 갔으나
> 바다와 산의 참 모습은 가슴속에 있으리."
>
> ―〈사천 시조〉 중에서, 이병연이 친구 겸재 정선에게 바치는 시

정선은 이병연을 따라 금강산 여행을 다녔고 많은 그림을 그렸는데,
여기에 이병연이 제시를 붙이곤 했다. 나는 오늘도 살아본 적 없는
머나먼 과거를 상상하며 술을 마신다. 나의 애주가적 면모는 분명
선인들에게서 이어져 온 유산일 거다. 나는 언제쯤 그들의 수준을

조금이나마 따라갈 수 있을까. 터무니 없는 생각이 꼬리에 꼬리를
물면 이제 잠에 들 시간. 나른해진 몸이 폭신한 침대로 미끄러져
들어간다. '아! 너무 좋다!'
늘 이렇게 마시고 있다.

여름의 끝을 잡고

미즈신겐모찌

도쿄에 살던 어느 해의 기억이다.

9월 8일, 백로(흰 이슬)를 맞이해 미즈신겐모찌(水信玄餅)*를 먹으러
갔다. 백로는 이때쯤 밤 기온이 내려가 풀잎에 이슬이 맺힌다는
데서 유래한 날이다. 지난번 야마나시현 여행에서 미즈신겐모찌를
일본에 처음 선보인 가게(하쿠슈 위스키, 사케로 유명한 이 지역의 마을은 일본
전국에서 제일 맑고 깨끗한 물을 자랑하는 곳 중 하나다.)를 가려다가 동선상
포기했었는데 마침 백로 날이고 해서 혼자 아쉬움을 달래러 도쿄의
디저트 숍을 찾았던 것이다. 여름 동안 먹는 스다치 소바처럼 여름의
끝 무렵, 일종의 기념 의식처럼 생각나는 디저트. 그러고 보면
미즈신겐모찌는 여름에 안녕을 고하는 디저트라고 할 수 있는지도
모르겠다.

* 일본 야마나시현 하쿠슈 마을에서 명물인 한천을 이용해 만든 특산물. 특별한 맛은
없지만 입에 들어가는 순간 물처럼 사라지고 촉촉한 식감만 남는다. 주로 콩가루와
조청과 함께 먹는다. 미국과 유럽의 유튜버 사이에서 레인드롭 케이크(raindrop cake)로
알려지며 인기를 끌었다.

'깨끗한 물을 먹는다'는 참으로 서정적인 발상에서 시작된
미즈신겐모찌의 별명은 '천사의 눈물' 혹은 '물방울 떡'. 일본 전국
시대의 무사 다케다 신겐이 비상식량으로 설탕이 들어간 떡을
준비했다는 일화(이거 먹고 어떻게 힘내려고?)와 야마나시현에서 '오봉'
명절에 먹는 아베가와모찌에서 유래했다는 두 가지 설로 나뉜다.
뭐 어쨌든 나는 이렇게나 맑고 영롱한 윤기가 예쁘니까, 탱글탱글한
식감이 좋으니까 먹는다. 어릴 때 엄마가 자주 만들어주던
젤로(JELLO)가 떠오르기도 하고.

미즈신겐모찌는 입안에서 스르륵 물처럼 사라지고 희미한 단맛만
남는다. 달콤한 콩가루와 흑당 시럽을 섞어 먹으니 어느새 구름
접시가 텅 비워져 있다. 생각해보니 한순간에 흔적도 없이 사라지는
미즈신겐모찌의 존재는 돌아보면 언제나 아쉬움을 남기는 여름을
닮은 게 아닌가 싶다. 눈 깜짝할 사이 스쳐 지나가는, 하지만 마음
속에 촉촉하고 달짝지근한 여운을 남기는 그것.

주위를 둘러보니 사람들은 이미 가을을 맞이하는 분위기다. 모두가
밤으로 만든 몽블랑을 시켜놓고 기대에 부푼 얼굴을 하고 있다.
난 아직 밤을 먹을 준비가 안 됐는데. 갑자기 나 혼자 여름의
뒤꽁무니를 잡고 있나, 하는 기분이 들어 서둘러 가게를 나왔다.
유리알처럼 투명한 여름. 그 여름을 담은 입안이 서늘했다.

Recipe

미즈신겐모찌

재료

한천(agar) 가루 10g
설탕 25g
물 250g

콩가루 약간
흑당 시럽 혹은 꿀 적당량

만드는 법

1. 볼에 한천 가루와 설탕을 넣고 잘 섞어둔다.

2. 작은 냄비에 물을 넣고 중불로 끓인다.

3. 냄비에 미리 섞어둔 1을 전체적으로 풀어주는 느낌으로 조금씩 넣는다.

4. 충분히 섞어서 거품이 나오는 것을 확인한다.

5. 완전히 녹은 것을 확인한 후, 온기가 있을 때 원형 틀에 넣고 붓는다.

6. 최소 3시간~하루 정도 냉장고에 두어 단단하게 굳힌다.

7. 접시에 세팅한 후 콩가루와 흑당 시럽 혹은 꿀을 뿌려 낸다.

요즘 '저속 노화'가 라이프스타일 트렌드로 떠올랐다. 서울아산병원
노년내과 정희원 교수가 미디어를 통해 알리며 전국적 열풍을
이끌고 있는 이 생활 방식의 핵심은 노화를 막을 수는 없으니
인정하면서 천천히 건강하게 나이 들자는 것이다. 더불어 그는
다양한 방식으로 저속 노화 식단을 제안한다. 단순당과 정제
곡물은 피하고 붉은 고기, 튀긴 음식, 과자를 자제하자는 것. 대신
밥을 먹을 때 렌틸콩, 귀리, 현미, 백미의 비율을 4:2:2:2로 추천하며
통곡물, 올리브오일, 생선의 비중을 늘리고 과일과 채소를 많이
먹으며, 튀김류와 패스트푸드는 절제하자고 말한다.

꼭 의사의 주장이 아니더라도 충분히 납득이 가는 이야기이며

반박의 여지없이 다 맞는 말이다. ‘정크푸드 위주의 식사를 하는
이들은 건강 식사를 하는 이들보다 뇌 노화 속도가 약 4배
정도 빠른 것으로 나타났다’는 연구 결과 등으로 친절한 설명을
곁들이기도 한다. 그런데 그가 일으킨 일련의 저속 노화 열풍을
보면서, 내 마음 속에는 물음표 하나가 떠다니기 시작했다. ‘먹거리가
세분화되고 다양해진 요즘 같은 시대에 현실적으로 가능한
이야기인가?’ 하는 것이었다. 먹을 것이 부족하고 가공 식품이
드물었던 과거 한국인의 밥상이라면 위에서 소개한 법칙을 지키기가
수월했을지도 모른다. 몇 가지 나물 반찬과 두부, 염분이 과하지
않은 국, 생선구이, 잡곡밥 정도의 건강한 한식 식단이야말로 그가
말하는 저속 노화 식단에 가까울테니 말이다.

하지만 오늘날 우리는 매일 그런 것들만 먹고 살 수는 없다. 먹을
것이 넘쳐나는 세상이다. 라면과 햄버거, 피자를 어떻게 끊을
수 있단 말인가. 어느 날 갑자기 설탕이 잔뜩 묻은 도너츠와
딸기 생크림 케이크와 이별할 수 있을까? 소금빵은 마치 세포
분열하듯 종류가 증식하고 있는데? 탄산음료가 주는 상쾌함을
포기하고, 술을 끊는 것은 또 다른 고역이 아닌가. 흥미로운 점은
생활 요리인으로서 부엌에 서면서 나의 이런 생각은 오히려 더욱
짙어졌다는 것이다. 참고로 나는 곤드레 나물밥이나 쌈밥, 우거지
된장국 같은 평범한 한식을 편애하는 사람이다. 어릴 때부터
집에서는 잡곡밥을 습관적으로 먹어왔고 지금까지 밀키트를

내 손으로 사본 적이 거의 없으며, 평소 견과류도 잘 챙겨먹고,
콩으로 만든 모든 음식을 좋아하며, 마트에서는 냉동 가공식품을
거들떠보지도 않는 사람이기도 하다. 그러나 그런 나도 가끔은
떡볶이를 먹고, 소시지와 햄이 잔뜩 들어간 부대찌개의 유혹을 피할
수는 없다. 때로는 짭짤한 베이컨을 넣은 김치볶음밥도 해 먹고
싶고, 늦은 밤 라면을 끓여 먹으며 개운한 포만감에 행복해 하며,
술이 없다면 인생의 낙이 없다고 생각한다. 디저트는 밥만큼이나
좋아해서 단골 케이크 숍이 있고, 한입의 달콤함에 하루의
피곤함을 씻어내기도 한다. 생리 전에는 이상하게 '요아정(요거트
아이스크림의 정석)'이 당겨서 늦은 밤 시켜서 먹기도 하고, 국가대표
축구 경기가 있는 날엔 '피와(피자와 와인)' 혹은 스카치에그를 만들어
먹기도 한다.

물론 건강을 위해 참을 때도 많다. 하지만 유독 특정한 맛이 당기는
날이 있지 않은가. 물론 좋아하는 음식이 불현듯 떠오르거나 식욕이
채워지지 않을 때 그런 생각이 들기도 하지만, 배가 부른 상태에서도
특정한 음식에 대한 갈망이 솟아오르면 나의 경우 과하게 참지
않고 그냥 먹는 편이다. 내 몸이 부르는 것에는 이유가 있지 않을까-
사실은 대부분 그렇지 않다고 하더라도-라는 생각 때문이다.
실제로 짠 음식이 유독 당길 때는 몸에 나트륨이 부족하거나
운동을 너무 과하게 해서 체내에 나트륨이 빠져나갔을 수도 있고,
신체에 에너지가 부족한 경우엔 단맛이 당길 수 있다는 연구도

있으니까. 뭐, 자기 합리화라고 해도 어쩔 수 없다.

저속 노화 식단에서 추천하는 것들을 골고루 잘 챙겨 먹는 것은
건강한 생활 습관을 만드는 열쇠이자 노화의 속도를 늦추는, 가장
이상적인 정답일지도 모른다. 하지만 식생활을 고도로 조절해야
하는 환자가 아닌 이상, 지나친 저속 노화 식단 또한 개인적으로는
별로라고 생각한다. 아니, 그 또한 이 세상에서는 또다른 극단일지
모른다. 사람이 렌틸콩만 주구장창 먹고 살 수는 없는 일. 지나친
절제는 강박을 낳고 우울증, 충동 조절 장애와 같은 다양한
부작용을 낳을 수도 있다. 과도한 다이어트가 요요를 부르는 것처럼
말이다. 그리고 애초에 사람의 식단이야말로 식재료의 정확한
비율이 아닌, 자연스러운 조화와 적당함이 중요한 영역이 아닌가.

그런 의미에서 나는 절제가 필수인 저속 노화 보다는 관리가 중요한
웰에이징(well-aging)의 방향이 장기적으로는 현실적이라고 본다.
웰에이징이란 단어를 떠올려보니 문득 20대 후반 막내 에디터
시절, 하와이 출장을 함께 간 장미희 배우가 생각난다. 누군가
아름답게 나이 든 롤모델을 말하라면 나는 주저 없이 그녀를
꼽을 것이다. 주름 하나 없이 팽팽한 피부 때문이 아니라 나이가
들수록 건강하고 은은하게 빛났던 그녀만의 아우라를 기억하고
있기 때문이다. 당시 뷰티계의 화두로 떠올랐던 웰에이징은 단순히
시간을 거꾸로 되돌리는 뷰티, 즉 노화를 거부하는 '부정'의

안티에이징이 아니라 자연의 섭리인 노화를 기꺼이 받아들이되 보다
젊고 건강하게 나이 들기 위해 노력하는 '긍정'의 뷰티였다. 나는
그녀와 함께 하는 일정 내내 나이 드는 것의 아름다움을 실감했다.
촬영 후 인터뷰에서 그녀는 내게 이렇게 말했다. "평소 제일 잘
지키는 규칙은 자외선을 꼼꼼히 차단하고 물을 자주 마시는
거예요." 특히 윤기가 도는 그녀의 보드라운 피부가 인상적이었는데,
정기적으로 열심히 피부 관리를 받는 타입은 아니라고 고백했다.
대신 골고루 잘 먹고 PT로 잔근육을 만드는 데 주력한다고. 그때
나는 중년의 나이였음에도 군살 하나 없이 매끈한 몸매와 빛나는
피부를 유지하는 이 배우의 비결이 결국 기본을 지키고 오랜 시간
노력한, 정직한 결과라는 것을 깨달았다.

그런데 정작 그녀를 가장 눈부시게 만든 것은 자신보다 까마득하게
어린 우리 팀 모두를 편안하게 대해주고 온화한 분위기를 만들어준
특유의 태도였다. 오랜 연예계 생활에서 산전수전을 다 겪었을
사람이 보여준 겸손하고 여유 있는 모습에 나는 내내 속으로
감탄했다. 잘 정돈된 생활 습관만큼이나 사려 깊은 애티튜드에서는
세월의 희노애락이 빚은 여인의 성숙하고도 짙은 향기가 났다.
매 순간 감사하고 즐기며 산다는, 삶을 향한 그녀의 긍정적인
태도는 내가 꿈꾸는 웰에이징의 표본에 가까웠다. 그녀는 자신의
몸과 마음을 단련하면서 태도와 영혼의 유연성까지 가지게 된
것이 아닐까. 그 후로도 자기 관리에 능한 배우들과 많은 출장을

다녔지만 그녀와의 시간은 유독 여운이 짙게 남았다. 며칠 전 뉴스를 검색해보니 어느덧 고희에 가까운 나이에 접어든 그녀는 여전히 건재한 모습이었다. 다양한 외부 활동을 멋지게 해내고 있는 그녀를 보며 나는 안도했다. 그러면서 나 또한 과도한 절제와 자제 대신 적당한 운동과 수면, 식습관의 패턴을 지켜가며 건강을 돌보자고 다짐했다. 시류나 트렌드에 흔들리기보다는 내가 할 수 있는 선에서 나를 가꾸어 가자고.

그러니까 저속 노화를 유지하는 힘은 노력과 의지가 아닌 시스템이라 말하는 정 교수님 의견에 나는 100퍼센트 동의하기 어렵다. 이 세상에 스트레스와 노력, 의지 없이 이룰 수 있는 것이 있었던가. 인간 스스로가 만드는 습관의 시스템이란 AI처럼 입력하면 바로 나올 수 있는 형태의 것이 아니다. 또한 이토록 복잡하고 유혹적인 먹거리 천국에서 모두가 그렇게 칼 같이 조절해 먹는 것도 이상해 보인다. 조금씩, 천천히 나쁜 식습관을 개선하는 시행착오 아래 자신만의 지속 가능한 방법을 찾는 것이 더욱 현실적이고 바람직한 실천이 아닐까. 그런 의미에서 내 손으로 직접 요리하는 것도 자신만의 웰에이징 방식이라고 할 수 있을 것이다. 적당한 고기와 생선, 채소, 과일 등 제철 식재료를 활용해 스스로 만들어 먹는 횟수를 늘리고, 꾸준히 운동하고, 또 잘 자는 것은 충분히 유효한 '자기 돌봄'이 될 수 있다. 가끔 먹는 도너츠와 아이스크림, 와인에 행복해하면서 말이다. 무엇보다 나는 자연스럽게

늙고 싶다. 노화의 속도를 당장 1~2년 늦추는 것에 집착하기보다는,
피부과의 최신 시술에 아낌없이 투자하기보다는, 즐겁고 조화롭게.
그 편이 더욱 나답고 자연스럽다는 생각이다.

여기에 소개하는 레시피는 정희원 교수님이 유튜브에 소개한
'양배추 김 샐러드'에서 영감을 받아 내 식대로 비틀어서 응용해본
요리다. 내게는 영양만큼이나 맛도 중요해서 아보카도와 간장,
와사비 등을 활용했다. 아보카도와 올리브오일의 경우 찰떡으로 잘
어울리는 재료라서 함께 써봤다. 늦은 밤 술 한 잔과 함께 곁들일
안주로도 손색이 없다.

양배추 아보카도 사라다

재료

양배추 썬 것 2줌
아보카도 1개
김 1/2장
간장 2작은술

와사비 1/2작은술
올리브오일 3큰술
통깨 약간(optional)

만드는 법

1. 볼에 적당한 크기로 먹기 좋게 썬 양배추를 담는다.

2. 아보카도도 깍둑썰기해서, 1의 볼에 담는다.

3. 김을 손으로 찢듯이 적당히 잘라서 함께 섞는다.

4. 간장, 와사비, 올리브오일을 차례로 섞는다.

5. 접시에 담고 올리브오일을 가볍게 한 번 더 뿌린 후 낸다. 고소한 맛을
   더하고 싶다면 통깨를 살짝 뿌릴 것.

가지 붓카케* 소바

그동안 다양한 소바를 먹으면서 개발해 본 초간편 요리인데, 여름 제철 채소 맛을
풍부하게 즐길 수 있어 좋다. 프라이팬에 기름을 두르고 길게 썬 가지를 지진다.
4등분으로 자른 방울토마토와 구운 가지를 볼에 넣고 일본 간장, 참기름, 후추를
조금만 넣어 버무려둔다. 면을 삶아 위의 재료를 올린 후 차가운 멘쓰유(2배
농축)와 물을 1:1로 섞은 것을 부어 먹는다.

* 간장 베이스 소스를 우동이나 소바 면에 부어 먹는 방식.

여름의 래디시

불 쓰는 요리가 힘들어지는 여름에는 간단한 샌드위치를 자주 먹는다.
래디시(방울 무)는 주로 샐러드에 들어가지만, 샌드위치 재료로도 훌륭하다.
사워도우 빵에 크림치즈나 리코타 치즈를 바르고, 얇게 썬 래디시를 올린 후
후추를 톡톡 뿌려 먹으면 입안에 서늘하고 상큼한 바람이 불어온다.

비 오는 날엔 부침개

세찬 비가 내리는 날이면 한국인은 집에서 조용히 전을 부친다. 집에 있는
재료들을 꺼내 가늘게 썰고 부침가루와 물, 달걀을 섞어서 반죽을 만든다.
여름철엔 반죽에 얼음을 넣으면 더 바삭하게 부칠 수 있다. 실고추는 한번
사두면 요리에 매우 유용하게 쓰인다. 가끔씩 간장에 와사비를 넣기도 한다. 전을
부칠 때는 팬을 충분히 예열한 후에 식용유를 두르는 것이 포인트.

묵사발

얼마 전 하와이에서 서울로 돌아오는 길, 대한항공 기내식으로 묵사발이
나왔다. 의외의 메뉴였다. 주위를 돌아보니 서양인들이 더 잘 먹었다. 생각해보면
묵사발은 지극히 한국적인 맛이다. 쫄깃한 묵과 신선한 채소, 시원한 국물이
어우러진 묵사발은 재료의 조화가 절묘한 음식이 아닌가. 그동안 우리나라의
시그니처 맛으로 자리매김했던 비빔밥이 한 발 더 나아가 묵사발로 확장된 것
같아서 뿌듯했다. 도토리묵에 냉면 육수, 오이와 무순, 신 김치, 참기름에 쪽파와
깨소금만 있으면 뚝딱 15분만에 만들 수 있는 쉽고 건강한 요리. 폭염 더위를
한방에 날려줄 만큼 새콤 시원한 데다 칼로리까지 낮아서 입맛 없는 여름에 부담
없이 해 먹는 메뉴다.

물에 담긴 여름

손님이 올 때나 유독 갈증이 날 때는 물도 조금 특별하게 마시고 싶다. 유리
병에 물을 담고 레몬 한 개를 짜 넣은 다음 딜과 바질, 로즈메리, 처빌 등 허브도
적당히 넣는다. 얇게 저민 오이를 추가하면 더욱 청량하게 즐길 수 있다. 라임이
들어가면 이국적인 향이 난다.

초당 옥수수 콜드 수프

여름철 친구들이 집에 놀러오는 날이면 차가운 초당 옥수수 수프를 즐겨 만든다.
삶은 옥수수를 한 김 식히고 잘라둔다. 깊은 냄비에 옥수수와 채 썬 양파를 넣고
버터와 함께 볶다가 우유와 채수를 넣고 옥수수 심지를 넣어 끓인다. 심지는 빼고
큐브형 콘소메나 치킨 스톡, 소금을 넣어 간을 맞춘다. 식은 수프는 블렌더에 갈고
냉장고에 넣어 차갑게 한다. 수프 위에 고명으로 남겨둔 옥수수와 허브를 얹어
서브한다.

에이프런과 손톱 정리

에이프런은 요리할 때의 마음을 가다듬어 준다. 마음에 쏙 드는 것을 골라
착용하고, 부엌에는 2개 이상 두지 않는다. 손톱은 언제나 바짝 자르고 네일
컬러를 칠하지 않는다. 요리 전 머리는 가급적이면 묶고 깔끔하게 정돈한다.
그것이 요리인의 바람직한 자세라고 생각한다.

Autumn

가을

가을의 문

땅콩 호박
수프

"와! 오랜만이네!" 여름의 끝 전남 구례 5일장에서 길다랗고 둥글한
땅콩 호박을 만나고는 큰소리로 외쳤다. 땅콩 호박은 가을철이 되면
꼭 사서 먹는 재료 중 하나다. 한 바구니에 만 원. 빨간 플라스틱
바구니에 4개가 얌전히 누워 있었다. 크기는 다소 작았지만
단단하고 싱싱해 보였다.
매년 땅콩 호박을 만날 때면 히구라시의 〈가을의 문〉이라는
옛 노래가 생각난다. 좀처럼 물러설 기미가 보이지 않던 여름의
폭염 속에서 조용히 기다려온 시간. 그리고 모든 것이 조금씩
아스러져가는 계절의 시작. 낮에는 나뭇잎이 노랗고 빨갛게 물들어
가고, 밤에는 별안간 싸늘하게 식어버리는 공기가 공허한 기분이
드는 때. 여름과 가을 사이 어딘가, 소리 소문 없이 나타나는 땅콩

PEACE

호박은 내게 새로운 계절을 여는 그런 존재였다. 그래서일까. 이 호박은 오후 4시쯤 대지를 감싸는 따사롭고 감미로운 가을 햇살 같은, 딱 그런 맛이 난다.

땅콩 호박은 어째서 이름부터 귀여운 걸까. 땅콩처럼 생겼다고 해서 붙여진 이름이지만 버터 향과 견과류 향이 동시에 난다고 해서 영어로는 '버터넛 스쿼시(butternut squash)'라고 불린다. 나는 단호박이나 늙은 호박보다는 구불구불 리드미컬한 모습의 땅콩 호박을 훨씬 좋아하는데, 단지 예쁜 모양 때문만은 아니다. 일반 호박보다는 물렁해서 손질이 쉽고, 대놓고 '나 달아!'라고 외치는 듯한 심플한 단맛이 아닌 견과류처럼 고소하면서, 오묘하게 따뜻한 단맛이 있다. 겉은 반질반질 오동통통, 안은 샛노랗게 예쁜 데다 씨도 많지 않아서 숟가락으로 슥삭 긁어내기도 간단하다. 껍질은 나의 14년 된 낡은 이케아 필러로도 손쉽게 스르륵 까질 정도로 얇으니 예뻐하지 않을래야 않을 수가 없지.

요리 방법은 일반 호박과 크게 다르지 않지만 그 중에서도 나의 '최애'는 수프다. 단호박에 비해 당도는 더 높고 식감은 더 부드러운 까닭에, 이런 장점을 최대한 살릴 수 있는 죽이나 수프가 땅콩 호박과 제일 잘 어울린다고 생각한다. 무엇보다 가을은 수프의 계절이니까.
냄비에 양파를 채 썰어 넣고 버터와 볶은 후 가을의 열매 같은 땅콩 호박 조각들을 함께 넣어 볶는다. 수프의 베이스는 언제나 채수.
냉동실에 얼려둔 채수를 녹여 냄비에 붓고 한소끔 끓인 후 믹서로
곱게 갈아 우유를 첨가하고 간만 해주면 끝이다. 아, 여기에 나는
가을의 향과 맛을 더해줄 몇 가지 비밀 재료를 넣는다.

먼저 호박류와 잘 어울리는 밤이다. 이때쯤이면 추석 전후, 혹은
성묘를 다녀왔을 즈음이라 냉장고에 밤 몇 개가 있을 것이다.
만약 없다면 시중에서 판매하는 밤잼을 넣어도 훌륭하다. 만약
무화과잼이 있다면 한 스푼 첨가해도 좋다. 제철이 같은 무화과
또한 달큰한 풍미가 있어서, 리치한 땅콩 호박의 맛과 잘 어울리는
한쌍이다. 여기에 호두나 피스타치오 같은 견과류를 조금 부숴서
곁들인다면 금상첨화. 마지막엔 너트메그* 가루를 슬쩍 뿌려낸다.
달달하면서도 쓴맛이 나고 얼얼한 느낌도 있는 너트메그는
주로 생선 요리나 고기류에 비린 맛이나 누린내를 잡아준다고
알려져 있지만-밀크 티에도 잘 어울리는 친구다-특유의 향미가
땅콩 호박의 달달함에 스산한 가을 냄새를 입혀준다. 게다가
몸을 따듯하게 해주고 소화를 돕는 성분도 있으니 호박 수프가
지닌 부드럽고 선한 마음에 너트메그가 용기를 북돋아 주는
느낌이다. 약이 부족했던 시절, 재즈 뮤지션 찰리 파커도 콜라에
너트메그 가루를 타 먹었다고 할 정도니 너트메그의 효능은
예로부터 증명되었다 해도 과언이 아니다. 하지만 향신료는 언제나
과유불급이다. 딱 두 번만 톡톡 뿌려낼 것. 그것만으로 충분하다.

* 달콤하지만 자극적인 향과 쌉싸름한 맛을 지닌 너트메그는 육두구라고도 불리며,
오랜 시간 인도네시아 말루쿠 제도와 반다 제도에서만 생산되는 희귀한 고가 재료였다.
'사향 냄새가 나는 호두'라는 뜻. 기름지거나 둔탁한 맛에 활기를 불어넣는다.

Autumn 168

땅콩 호박 수프

재료

땅콩 호박 1개
양파 1/2개
버터 약간
채수 400ml
우유 200ml
큐브형 콘소메 1개
밤잼 2큰술 혹은 밤 1줌

너트메그 약간
소금, 후추 약간
견과류 약간(optional)
무화과잼 1큰술(optional)
생크림 약간(optional)
허브 약간(optional)

만드는 법

1. 호박은 밑동과 윗부분을 자른 후 세로로 2등분한다. 숟가락으로 씨를
   바른 후, 필러를 이용해 껍질을 벗긴다.
2. 호박은 깍둑썰기하듯 적당한 크기로 자르고 양파는 얇게 채 썬다.
3. 속이 깊은 냄비를 불에 달군 후 버터와 양파를 넣고, 양파가 투명해질
   때까지 볶는다. 자른 호박을 추가해 충분히 볶는다.
4. 분량의 채수를 넣고 호박이 부드러워질 때까지 끓인다.
5. 믹서기에 4를 넣고 갈아준 후, 사용했던 냄비에 다시 넣는다. 여기에
   우유를 넣고 끓이다가 콘소메를 추가해 섞일 때까지 잘 풀어준다. 우유
   양은 농도를 보며 조절한다.
6. 밤이나 밤잼 혹은 무화과잼을 넣고 수프와 잘 섞이도록 풀어준다.
7. 너트메그, 소금과 후추로 간을 한 후, 준비해둔 수프 볼에 담고 생크림
   혹은 허브로 장식해 낸다. 견과류를 더해도 좋다.

• 잼의 경우 수프의 단맛보다는 가을의 풍미를 끌어올리는 용도이므로 가능한 비정제
설탕이 들어간 것을 사용하고, 펙틴 같은 인공적인 성분이 들어가지 않은 것을
추천한다.

한국과 일본 요리의
맛 차이

고등어 조림

한국과 일본은 흔히 말하는 것처럼 가깝고도 먼 나라다. 사람들의
생김새는 언뜻 비슷해 보여도-사실 골격이나 체형, 전반적인
분위기는 매우 다르다고 생각하지만-이야기하면 할수록, 또 살면
살수록 지리적 환경, 문화, 풍습, 가치관 등이 많이 다르다. 식문화도
그중 하나다. '한국이 대체로 싸고(쌈), 비비는 식문화가 강하다면
일본은 조리고 찌는 데 능하다'고 고 이어령 교수가 저서 《K Food:
한식의 비밀》에서 밝혔듯 한식에서 각각의 맛은 품고 섞이면서
융합된다. 또 우리의 음식 문화에 대해 그는 '되다(becoming)'로
이해해야 하며, 그것은 생성론의 개념이라고 덧붙였다. 한마디로
말하면 한식은 모든 걸 포용하고 통합하는, '어울림'을 강조하는
음식이란 얘기다. 이는 언젠가 읽은 이우환 작가의 책 《여백의

예술》에 나온 내용과도 일맥상통하는 얘기였다. 그는 '동아시아의
요리'라는 글에서 한국과 일본, 중국의 요리를 다음과 같은 명쾌한
수학적 공식으로 정리한다.

한국 A+B=A′B′
일본 A+B=A′
중국 A+B=C

이 공식을 보고 나는 무릎을 치며 아쉬워했다. 아, 내가 정의하려고
했는데. 한발 늦어도 너무 늦어버렸다. 그의 생각을 빌리자면
한국 요리는 재료와 재료, 조미료를 섞어 절묘하게 침투된 상태를
가리키고, 일본 요리는 재료에 약간의 조미료를 더해 재료의 차원을
섬세하게 높인 것이다. 반면 중국 요리는 재료와 조미료를 합쳐
변화를 가해 전혀 다른 요리를 만들어낸다고 했다.
그의 이야기에 대체로 동의하지만 나 또한 오랜 시간 요리를 하면서
느낀 한 가지를 첨언하고 싶다. 한국은 맛의 차원을 '소통'과 '관계'의
측면에서 바라보고, 일본은 대부분 모든 재료가 메인 재료 본연의
맛을 돋보이게 하는 '지원'의 역할을 자처한다는 것이다. 이는 일견
비슷해 보이지만 맛을 대하는 전혀 다른 시각이다. 전자는 재료의
서열을 중시하기보다는 평등하거나 비슷하게 대등한 관계 속에서의
조화를 강조하고, 후자는 자신의 역할을 분명하게 알고 이에 따라
맡은 바를 충실히 해내는 것에 가치를 두기 때문이다. 일본에 살며

깨닫게 된 흥미로운 점은, 이러한 경향은 비단 요리를 넘어 문화나
일하는 방식에서 보이는 특징적 경향이라는 사실이다. 그래서일까.
한국 요리를 하면서 나는 늘 재료와 재료들이 결합하면서 내는
아름다운 하모니가 놀라웠고, 일본 요리를 할 때는 메인 재료의
완전함이 두드러진다고 느꼈다.

여기, 이해하기 쉬운 예가 있다. 한국과 일본의 생선조림은 비슷한
듯 다르다. 단지 고춧가루와 된장 혹은 고춧가루와 간장 맛으로
구분을 짓는 것은 평면적이고도 일차원적인 비교다. 얼추 비슷하게
들어가는 듯 보이는 재료지만 한국식은 다양한 채소와 조미료가
미묘하고 복잡한 조합을 띠고, 일본은 액체류(물과 청주, 미림)를
기본으로 미소와 생강 정도로만 포인트를 준다. 시쳇말로 '추구미'가
다른 것. 결과적으로 한국식은 얼큰하고 칼칼한 양념이 배어든
고등어로 식욕을 돋우는 밥상이 완성되고, 일본식은 고등어의
보들보들한 살이 입안에 착 달라붙는 것을 목표로 한다.

Recipe.

고등어 조림(한국 버전)

재료

고등어 3~4마리(중간 사이즈)
청주 2큰술
소금 약간
양파 1/2개
대파 1대
무 250g
다시물 650~700ml
홍고추 1개
청양고추 1개(optional)
호박 1줌(optional)

+양념장
간장 4와 1/2큰술
고춧가루 2큰술
고추장 1/2~1큰술
설탕 1큰술
다진 마늘 1큰술
맛술 1큰술
다진 생강 약간
후추 약간

만드는 법

1. 내장을 제거한 고등어는 깨끗이 씻고 물기를 제거한 후 2등분하여 자른다. 청주와 소금을 뿌려 10분 정도 밑간을 한다.
2. 무는 부채꼴 모양으로 도톰하게 썰고, 양파는 채 썬다. 대파는 큼직하게 썰고, 고추는 어슷하게 썰어 준비한다.
3. 별도의 볼에 양념장 재료를 넣고 섞는다.
4. 냄비에 미리 만들어 놓은 다시물을 넣고 분량의 무를 추가한 후 15분 정도 끓인다.
5. 무가 어느 정도 익었으면 양파, 고등어, 호박을 넣고 3의 양념장을 차례로 넣는다. 강불에서 끓이다가 팔팔 끓어오르면 뚜껑을 덮고 중불로 줄여 고등어를 넣고 20분 정도 졸인다.
6. 중간중간 냄비의 양념을 고등어에 끼얹어 가며 끓인 후 대파와 홍고추, 청양고추, 후추를 넣고 한소끔 더 끓인다. 부족한 간은 보면서 추가한다.

• 다시물은 처음부터 다 넣기보다는 100ml 정도 남기고 넣은 후 어느 정도 졸여지는 상황을 보고 추가한다.
• 무는 다시물을 만들 때 함께 넣어서 우리면 보다 뭉근한 맛으로 즐길 수 있다.

- 다진 생강은 생선 요리의 잡내를 잡고, 은근한 풍미를 더하기 때문에 잊지 않고 넣는다.

고등어 조림(일본 버전)

재료

고등어 2마리(4조각)

굵은 소금 약간

생강 1개

대파 흰 부분 1대

물 200ml

청주 200ml

미림 2큰술

설탕 1큰술

미소 2~3큰술

간장 1~2큰술

만드는 법

1. 고등어는 물에 깨끗하게 씻고, 각각 반으로 적당히 자른 뒤 굵은 소금을 뿌려서 잠시 둔다.

2. 생강은 편으로 썰고 대파는 5cm 정도 길이로 썰어둔다. 썰어둔 대파 중 하나는 세로로 얇게 저민다.(고명용)

3. 작은 냄비에 물을 적당량 넣고 끓인다.

4. 1의 고등어 껍질 중앙에 칼로 십자를 넣는다. 끓인 물을 고등어 위에 부어 소독하고 키친타월로 물기를 제거한다.

5. 프라이팬에 분량의 물과 청주, 미림, 설탕을 넣고 섞은 뒤 중불로 끓인다.

6. 5가 끓으면 손질한 고등어를 넣고 생강과 대파를 넣은 뒤 한소끔 끓인다. 중간중간 생기는 거품을 걷어낸다.

7. 미소에 6의 국물을 조금 넣어 잘 풀어주고, 다 풀어졌으면 6에 넣는다. 분량의 간장도 추가한 후 오토시부타*를 위에 얹고 약불에서 10~12분가량 끓인다.

8. 끓이는 중간중간 고등어 위에 국물을 끼얹어가며 익힌다.

9. 프라이팬에서 고등어와 대파, 생강을 꺼내 그릇에 보기 좋게 담고 걸쭉해진 조림 국물을 고등어 위에 뿌린다.

10. 고명용 실 대파를 장식하고 낸다.

＊ 냄비에 들어가도록 만든 누름 뚜껑. 주로 조림류를 만들 때 사용한다. 자박하게
부은 조림장이 재료에 잘 스며들게 하고 재료의 부서짐을 방지하며, 조리 시간도
단축시킨다. 재료는 나무와 실리콘, 스틸 등 다양하다.

• 미소의 경우, 제품마다 염도가 다를 수 있어 조금씩 넣어가며 간을 한다. 아카미소와
  백미소를 섞으면 제일 좋지만 없는 경우, 일반적으로 시중 마트에 파는 미소를
  사용해도 된다.
• 일본 요리에 들어가는 생강은 비린내를 잡는 용도 뿐만 아니라 요리 전체의 풍미를
  높이기 때문에 반드시 넣는다.
• 6의 과정 중 거품을 걷어내야 비린내를 잘 제거할 수 있다.
• 오토시부타가 없을 경우엔 종이나 알루미늄 호일 등을 잘라 사용해도 무방하다.
• 고등어를 먹을 땐 대파를 꼭 곁들여 먹어보자. 조림 국물에 익힌 대파가 매우 달다.

짭조름한 감칠맛

명란 오일
파스타

집에 별다른 식재료가 없을 때 언제나 냉장고에 쟁여두는 재료가
있다. 명란젓(명태 알)이다. 짭조름한 감칠맛 가득한 명란젓은 별다른
반찬 없이도 훌륭한 밥도둑이 된다. 나는 일본에 살기 전까지
세계적으로 '멘타이코'라 불리는 명란젓이 일본의 특산품인 줄만
알았다. 어느 날 요리를 하다가 우연히 알게 된 이야기는 다음과
같다.

명란은 한국이 400여 년 전부터 먹어온 원조 K-푸드다. 명란에
대한 기록은 일찍이 《승정원 일기》, 《난호어목지》(1820) 등 여러
문헌에 많이 등장한다. 명란젓이 우리나라의 대표 젓갈이 된 이유는
재료가 흔하기 때문이었다고. 명태는 예로부터 우리나라에서 가장
많이 잡히는 생선 중 하나였다. 명태를 말려서 북어로 만들 때 알만

Ah

따로 떼어 명란젓으로 가공했는데, 특히 함경도와 강원도의 지역
특산품이었던 명란젓이 부산을 통해 일본 후쿠오카로 건너간 것은
일제강점기 때의 일이다. 이후 일본에서 오랜 시간 상품화와 대량
생산의 체계화를 거쳐 세계 시장의 90퍼센트를 주름잡게 된 명란의
영광은 일본의 멘타이코가 차지했다. 그도 그럴 것이 일본에서는
우동, 파스타, 빵, 달걀말이, 덮밥, 오차즈케 같은 일상적인 요리부터
과자류에 이르기까지 다양한 음식에 명란이 광범위하게 사용된다.
명란의 종주국은 우리지만 정작 이를 소울푸드로 삼고 있는 건
일본이란 얘기다.

여기서 다시 한번 느낀 것은 하늘 아래 새로울 것이 없는 요즘 같은
시대에 오리지널이나 원조를 따지는 일보다 중요한 것은 '누가 먼저
브랜딩하고 널리 알리느냐'라는 것. 붕어빵의 원조가 일본이라는
사실 역시 아는 사람이 적기 때문에, 누군가는 그게 뭐가
중요하냐고 반문할 수도 있다. 확실한 건 그만큼 한국과 일본의
음식 문화는 서로 떼려야 뗄 수 없을 만큼 많은 영향을 주고받으며
발전해 왔다는 것. 하지만 비빔밥이나 김치도 자국의 음식이라고
우기는 이웃나라도 있는 까닭에 오랜 시간 이어져 온 고유의 음식을
지키고 키우는 것 또한 한 나라가 지닌 문화의 힘과 정체성을
보여주는 길이라고 생각한다.
참고로 일본에서 명란젓은 '멘타이코'와 '타라코'로 곧잘 혼용된다.
전자는 우리식 말뜻(명태알)을 일본어로 바꾼 것이고, 명란의 일본식
이름은 후자다. 이 둘은 일본에서 주로 매운 명란젓(멘타이코)과

안 매운 백명란젓(타라코)이란 뜻으로 쓰인다. 명란을 요리에 쓰는
방법에는 여러 가지가 있지만 내가 집에서 가장 간편하게 즐겨
먹는 방법은 아보카도 명란 비빔밥과 명란 파스타다. 아보카도
명란 비빔밥은 잘 후숙한 아보카도에 명란, 마요네즈, 간장, 와사비,
유즈코쇼, 김가루를 뿌려 밥과 비비기만 하면 되는, 쉽고 맛있는 한
끼다. 반면 명란 파스타로 말할 것 같으면 사실 조금 할 말이 많다.
도쿄에서 혼밥을 할 때 가장 많이 먹었던 점심 메뉴 중 하나였기
때문이다.

좋아하는 무라카미 하루키의 책에도 파스타가 자주 등장하는데,
소설 《양을 쫓는 모험》에서 그는 명란 파스타 레시피를 직접
적어두기도 했다. 아무래도 작가 자신이 이탈리아의 로마에 살던
시절 파스타를 많이 먹었기 때문일까? 《저녁 무렵에 면도하기》라는
에세이에서는 도쿄의 이탈리안 식당 수준도 꽤 높다고 평가하지만
이탈리아의 식당 아무데서나 먹는, 그 '새삼 절감하는' 맛은 찾을
수 없다고 푸념하기도 한다. 음식이란 결국 '공기 포함'인 것 같다는
말과 함께. 나도 그의 말에 전적으로 동의하는 바다. 도쿄의 킷사텐
'로얄'에서 먹던 명란 파스타 맛을 여러 번 재현해보았으나 솔직히 딱
그 맛을 내기는 어려웠음을 고백한다. 별 대단한 비법이 들어간 것도
아닐 텐데. 이럴 줄 알았으면 손님이 없는 한가로운 날 주인을 잡고
물어볼 걸 두고두고 아쉽다. 그래도 여러 번 레시피를 찾아보고
시도해본 끝에 꽤나 만족스러운 맛을 찾아내기는 했다.

Recipe.

명란 파스타

재료

명란젓 1줄
스파게티 면 100g
버터 1큰술
올리브오일 3큰술
간장 1작은술

멘쯔유 1/4작은술
와사비 약간
소금, 후추 약간
잘게 자른 김 약간
쪽파나 깻잎 혹은 시소 적당량

만드는 법

1. 내열 용기에 버터를 넣고 전자레인지에 녹인다.
2. 명란젓은 칼로 반을 갈라서 알만 긁어낸다.
3. 냄비에 물을 끓이고, 소금을 넣은 후 분량의 스파게티 면을 봉지에 표기된 시간 동안 삶는다.
4. 볼에 버터와 명란젓, 올리브오일, 간장, 멘쯔유, 와사비, 후추를 넣고 잘 섞는다.
5. 쪽파나 깻잎 혹은 시소는 잘게 잘라둔다.
6. 4의 볼에 삶은 스파게티 면과 면수 1~2큰술을 넣고 잘 섞는다.
7. 접시에 6을 담고 김과 쪽파 등으로 장식해 낸다.

• 명란젓을 섞을 때는 너무 으깨지지 않도록 숟가락 혹은 포크를 세워서 섞는다.

명란젓 맛있게 즐기는 법

명란과 다른 재료의 궁합을 생각하면 개인적으로는 타카나즈케(高菜漬け, 갓 절임)가 최고라고 생각한다. 비가 와서 으스스하게 추운 날 먹었던 '야마야 모츠나베' 신바시점의 점심 식사와 '다시차즈케 엔' 오오테마치점에서 먹은 식사를 잊을 수 없는 이유는 이 두 곳에서 경험한 멘타이코와 타카나즈케의 궁합이 절묘했기 때문이다. 전자의 식당은 원래 후쿠오카 하카타에서 온 모츠나베 집이지만, 점심에 정식을 시키면 이 두 가지 반찬이 무한 제공된다. 윤기가 찰찰 흐르는 흰쌀밥에 명란과 갓 절임을 올려 먹으면 꿀맛이 따로 없다. 후자의 식당에서는 이 조합을 다시차즈케로 즐길 수 있다. 뜨끈하고 빠르게 즐길 수 있는 일본식 국밥이다. 대체 이 둘의 만남을 누가 처음 고안해낸 건지, 신통방통하다는 말 밖엔 달리 표현할 방법이 없다.

물론 집에서 이도 저도 다 귀찮을 땐 명란젓 하나만 간단한 반찬으로 먹어도 좋다. 남편은 가끔 부엌에 서서 5분 안에 어엿한 명란젓 무침을 만들어내는데, 계량 따윈 없는 그의 초간단 레시피를 읊어보면 대략 이렇다. 명란을 가위로 듬성듬성 자른 다음 다진 마늘, 고춧가루와 가늘게 썬 청양고추를 넣고, 참기름을 두른 후 잘 섞으면 끝.

시간에 매듭을 짓다

오차즈케

내게는 몇 년째 쓰는 달력이 있다. 계절력을 담은 달력인데, 한
페이지에 세 달씩 적혀 있다. 지금은 10월. 올 여름은 더위가 끝까지
물러날 기세가 없어서 힘들었지만, 또 언제 이렇게 지나왔나 싶게
가을의 한가운데에 접어든 시간이다. 어느 날 갑자기 가을 한복판에
내던져진 기분이 들 때, 가슴 한 켠에는 서늘한 바람이 분다. 그리고
가을은 어째서 만끽할 시간도 주지 않고 우리네 '사이버 머니'-다른
말로 월급-처럼 스치듯 지나가는 걸까. 사각거리는 셔츠를 달랑
한 번 입고 금방 두터운 외투를 걸쳐야 하는 이 계절이 야속하기만
한데, 언제나처럼 뒤도 안 돌아보고 쌩— 곧장 겨울로 진격해 가는
느낌이다.

그 텅 빈 공백의 시간, 나는 오차즈케와 다시차즈케를 만들어 먹곤 했다. 이것은 가을을 느릿느릿 천천히 누리고 싶은 마음과 겨울에 대한 앞선 걱정이 교차하는 시점에 내가 스스로에게 해줄 수 있는, 말없는 위로였다. 20분이면 금세 만들 수 있는 데다 따뜻하고 맛도 좋으니까. 도쿄에서 가장 좋아하는 오차즈케는 니혼바시 '츠지한'의 다시차즈케-카이센동을 먹고 나면 다시를 부어준다-와 오모테산도의 '오히츠젠 탄보'에서 남는 밥에 부어 먹는 오차즈케였다. 전자는 비오는 날 저녁, 어깨에 폭신한 담요를 두르는 맛이고, 후자는 지친 오후의 에너지를 채워주는 두둑한 맛이다. 참고로 나의 첫 책 《도쿄 큐레이션》을 쓰다가 취재한 바로는 츠지한의 다시차즈케에는 도미 머리와 파슬리, 샐러리, 당근, 마늘, 다시, 양파가 들어간다. 우리나라의 국밥이나 곰탕을 만들 때처럼 오래오래 끓인다고 했다. 이것이 츠지한만의 깊고도 개운한 육수를 만든 비법이다. 반면 오히츠젠 탄보의 오차즈케는 한상 차림에서 남은 반찬들과 함께 야무진 마무리를 하는 역할이다. 오히츠*에 남은 밥과 생선구이(혹은 절인 생선)를 올리고 주전자에 담긴 육수를 부으면 이내 은은하고 부드러운 향이 올라온다. 마치 한데 어우러진 재료들이 모여서 숨을 쉬는 듯한 향. 한 술 두 술 뜨다 보면 어느새 몸속에 온화한 고요함이 자리를 잡는다. 오차즈케를 즐겨 먹으며 나는 일본에도 분명 한국의 국밥과 다른 듯 닮은 정서가 있다고 믿게 되었다.

* 밥을 담는 일본 전통 나무 통.

차를 부어 먹는 오차즈케나 다시를 부어 내는 다시차즈케의
공통점은 시간에 매듭을 짓는 맛이라는 점이다. 그건 쉬이 남기는
것을 알뜰히 감싸안는 맛이자, 식사의 끝으로 인도하는 안내자의
맛이다. 어떤 의미에선 남긴 밥을 버리지 않고 오니기리로 만들어
챙겨주는 일본식 '정'이 오차즈케에도 담겨 있다고 생각한다.
무엇보다 여기엔 심플하게 먹는 즐거움이 있다. 신으로부터 내려온
식재료를 깨끗하게 다듬어 본래의 맛을 찾는 것을 최우선으로
여기는 일본 요리의 정수, 그 담백한 아름다움을 특별할 것 없는
소박한 가정식으로도 느낄 수 있는 것이다.

얼마 전 친구와 인왕산 등산을 끝내고 내려오는 길, 서촌의 '안덕'에
들러 좋아하는 만둣국을 먹는데 츠지한의 다시차즈케 생각이 났다.
역시 나는 이렇게 맑고 무겁지 않은 국물을 좋아하는구나. 진한
맛은 알기 쉽고 누구나 즐길 수 있지만, 연한 맛은 다른 차원의
미각이 필요하다. 표층에는 보이지 않는, 맑고도 깊은 맛. 그것이
고수의 맛이란 걸 이제는 안다. 그런 음식을 먹으면 속이 편안하다.
비 오는 오후의 늦은 점심, 오차즈케를 해 먹고 가을의 시간을 탄다.
여기서 더 나아가면 커다란 솥을 꺼내 꼬리곰탕을 끓일 것이다.
그렇게 조금씩 계절을 건너간다.

가을엔 사과를
생각한다

하반기가 시작되어 부리나케 일을 하다 보면 어느새 10월이 훅
지나가 있다. 비가 내리다 그쳤다를 몇 번 반복했을 뿐인데 붉었던
시내 곳곳의 거리에는 낙엽이 수북이 가라앉았다. 로퍼를 신고
사부작 사부작 걸을 때마다 먼 곳에서 불어온 모래 먼지와 낙엽
냄새가 섞여 쓸쓸한 가을 공기를 내뿜는다. 겨울이 오기 직전
이맘때가 되면 부엌마다 따듯한 차 끓이는 소리가 흘러나오고, 차츰
뱅쇼도 생각난다. 비누 향의 향수를 뿌리던 나도 가을이 되면 으레
젖은 낙엽 같은 우디 향이나 농도 짙은 스파이스 향으로 갈아탄다.
그리고 사과를 떠올린다.

사과는 너무 가깝고 흔해서 쉽게 잊히고, 곧잘 냉장고의

천덕꾸러기처럼 쭈글쭈글한 얼굴을 하고 있을 때가 많다. 가을이
되면 반가운 손님처럼 환영 받는 무화과나 배에 비해, 사과는
자신이 지닌 가치만큼 충분히 인정받지 못하고 있다는 느낌이
들지도 모른다. 언제나 그 자리에 있는, 가족의 일부 같은 과일이기
때문이다. 적어도 우리나라에서는 그렇다. 그랬던 사과가 몇 년
사이 금값이 됐다. 폭염과 집중 호우, 일조량 부족 등으로 과수원의
작황이 악화되었고 품질 저하와 생산량까지 감소되어 매해 열리던
지방의 사과 축제도 취소될 정도다. 하지만 이게 다 날씨 탓만일까.
예전에는 집집마다 온 가족이 둘러앉아 꿀사과를 깎아먹던 전통
아닌 전통이 있었는데, 생각해보니 그만큼 사과를 등한시한 게
아닌가 싶기도 하다. 먹을 것이 넘쳐나는 요즘, 천대받는 과일 중
1순위가 됐다는 게 사과로서는 분명 매우 서글플 것이다.

그러나 솔직히 생각해보면 나는 사과 자체보다 사과로 만든
디저트를 더 좋아했던 것 같다. 매년 가을이 되면 미나미아오야마의
'그래니스미스 카페'를 찾아가 애플파이를 먹었다. 달콤하고 풍부한
맛의 그래니스미스 사과가 듬뿍 들어간 애플파이에 바닐라
아이스크림을 얹은 메뉴는 비 오는 날 커피와 함께 먹으면 특히 잘
어울린다. 맥도날드의 애플파이는 또 어떤가. 바삭바삭하게 튀겨진
파이를 한입 베어먹는 순간 '아 뜨거워!'-뜨거운 걸 알면서 매번
조심성 없이 먹게 된다-하고 호들갑을 떨면서, 달콤한 사과잼이
주르륵 옷에 떨어지는 걸 기꺼이 감수하며 어린아이처럼 입가에 다

묻히고 먹게 되지 않는가. (그나저나 맥도날드 애플파이는 왜 사라진 걸까요?)
언젠가부터 사과파이는 가을이 되면 으레 한 번씩 만드는 우리집
단골 디저트 메뉴가 됐다. 클래식하게 파이지부터 직접 만드는
방법도 있지만 두 식구에게는 벅찬 양이다 보니, 최근에는 간단한
조리법을 찾아보기 시작했다. 파이지를 만드는 대신 식빵, 만두피,
라이스페이퍼를 사용하는 방법이 더욱 간단하고 맛도 충분히
좋았다. 그 중에서 라이스페이퍼는 쫀득한 식감을 내면서 쉽고
건강한 느낌이라 누구나 즐겨 만들 수 있다. 그 쫀득함이 떡처럼
느껴지기도 해서 사과와 더욱 잘 어울리기도 했고.

사과를 디저트 말고 요리의 카메오처럼 활용하는 방법도 있다.
어느 날, 국수 요리를 하던 중 우연히 냉장고에 남은 사과를 갈아서
넣었다가 만난 이 완벽한 신세계는 나에게 국수의 새로운 장을
열어주었다. 식초의 쨍한 신맛도 아니고 설탕의 주장 강한 단맛도
아닌, 그 사이 어딘가에 놓인 야무진 맛이랄까. 생각해보니 엄마는
동치미를 만들 때도 사과나 배를 곧잘 활용하곤 했다. 나는 참나물
국수에 이 사과 소스를 활용하기 시작했는데, 국수 면의 부족한
산미를 꽉 잡아주고 향긋하고 촉촉한 윤기를 더해주는 만능 열쇠다.
특히 사과의 산미는 국수와 부재료 모두를 아우르면서도 본연의
새콤시큼한 맛을 잃지 않는다는 게 꽤 근사했다. 중요한 건 시중에
파는 농축 사과 주스보다는 바로 막 갈아낸-건더기가 살짝 남아
있어도 좋다-사과가 킥이라는 것.

얼마 전에는 냉장고에서 기운을 잃은 듯 푸석해진 사과를
발견하고는 차를 끓였다.(p.189) 사과를 반달 모양으로 썬 후 얇게
저미고 돌돌 말아 장미를 만들었다. 여기에 얼그레이 차를 부었더니
이게 바로 로즈 애플티가 아닌가! 장미가 없으면 만들면 된다.
그것이 부엌이, 요리하는 수고로움이 내게 알려준 생의 진리다.

세잔의 사과

〈사과 바구니〉폴 세잔, 1893, 시카고 아트 인스티튜드

사과가 영원한 꿈이요, 완벽한 모델이었던 시절도 있었다.
적어도 세잔(1839~1906)이 살았던 시대에는 그랬다. 그는
무려 40년 동안이나 사과를 줄기차게 그렸다. 사과가 가진
다양한 빛깔, 형태, 변화를 한 화면 안에 담는 것이 진실된
사과의 본질이라 믿었다. 사물을 본질적 형태, 즉 원형과
삼각형, 원통형 등 기하학적 모양으로 재해석한 그의 사과
작품을 볼 때마다 나는 일상의 무미건조한 주제를 자신만의
세계로 끌어올리는 예리한 눈, 그리고 섬세한 관찰의
중요성을 떠올린다. 요리에도, 삶의 모퉁이 어딘가에도
적용할 수 있는 팁이다.

오니기리의 추억

며칠 전 인터뷰를 끝내고 나오니 어느새 하늘이 어둑어둑해져
있었다. 인터뷰이가 한 말들의 여운이 마음 속을 휘젓는 가운데
갑자기 허기가 져서 근처의 오니기리집 '야도로쿠'의 포렴을 열고
들어갔다. 아주머니는 마치 나를 기다렸다는 듯이 웃으며 한마디를
건넨다. "미소시루 뭘로 할래요?" 순간 만화 《와카코와 술》의
주인공 와카코가 된 것 같아 마음이 사르르 녹아내렸다. 역시, 내가
도쿄에서 가장 좋아하는 동네는 시타마치(下町)*다.

와카메(미역) 미소시루에 오카카(가다랑어포)와 타라코(명란젓)
오니기리를 시켰다. 타라코를 먹는 동안 아주머니는 내가 먹는
속도를 지켜보더니 그 리듬에 맞추어 따뜻한 밥으로 오카카

*니혼바시, 간다, 아사쿠사, 이리야 등 에도 시대의 도쿄에서 서민들의 주거지였던 곳.
원래 강과 바다와 가까운, 낮은 지대였기에 붙여진 이름이다. 도쿄의 비교적 옛 모습이
남아 있고, 주로 상업에 종사하며 대를 이어 가업을 일궈가는 사람들이 많다.

오니기리를 금세 만들어 내주었다. 오니기리를 이토록 순식간에
허겁지겁 먹어 치운 적이 있었던가. 따스한 공기를 한 움큼 머금은
흰쌀밥의 감촉이 기분 좋게 쫀득쫀득했다.
"오니기리를 만들 때는 공기를 넣는다는 느낌으로 가볍게! 절대
많이 주물럭대지 마세요." 언젠가 나의 요리 선생님이 했던 말도
떠올랐다. 함께한 니혼슈는 데와자쿠라(出羽桜). 청아한 단맛이
스물스물 올라오는데 하아…. 한 잔 더 시킬 뻔.

아주머니와 이런저런 이야기를 나누다가 가게를 나오니 밖은 어느덧
밤의 어둠 속에 잠겨 있었다. 아사쿠사의 희미한 불빛들이 까만
허공에 반딧불이처럼 떠다녔다. 지나다가 본 어느 영화에서 셰프가
여주인공에게 오니기리를 만들어주는 장면이 있었는데 그 영화
이름이 뭐였더라? 길을 걸으며 생각했다. 분명 그날의 오니기리는
딱 그런 맛이었다. 토닥토닥 하는 위로와 에너지의 맛. 이 맛을 알게
되어 정말 기쁘다.

나와의 약속

혼술 레시피

혼술에 취미가 생긴 것은 모두 일본에서 살았던 시간 덕분이다.
〈고독한 미식가〉에 나온 맛집을 찾아 줄기차게 일본의 맛을
탐험하기도 하고, 취재를 끝내고 집으로 돌아오는 길 헛헛한 마음에
오니기리에 니혼슈를, 때로는 내추럴 와인에 제철 식재료로 만든
주인장의 사라다를 먹으며, 또 때로는 집 앞의 이자카야에서 맥주를
마시며 토마토 다시비타시의 비법을 배우기도 했다. 그때 배우고
익혔던 건 단순히 일본의 식문화 뿐만이 아니었다. 쉴 새 없이 먹고
질문하고 탐구해 가던 나의 요리 생활은 점차 식탁 위에서 나만의
방식으로 재현되었고, 일본과 한국, 어릴 때부터 지금까지 다양한
나라를 돌며 경험한 라이프스타일이 그 안에 담기기 시작했다.
나는 그간 얼마나 많은 가게의 포렴을 열며 설레어 했던가. (심지어

지금 사는 집에도 방문 두 개를 없애고 노렌을 달았다.) 얼마나 많은 음식과
술을 먹었던가. 그 안에는 나의 고민과 생각, 외로움, 슬픔과 기쁨,
때로는 노여움과 화도 모두 담겨 있기에, 혼술의 시간은 꼭 지키고
싶은 나와의 약속 같은 것이다. 복잡한 마음을 정리하고 스트레스와
긴장을 풀곤 했던 시간들이 내가 살았던 도쿄 거리 곳곳에
고스란히 녹아 있다.

내가 제일 좋아하는 혼술 가게 중 하나는 긴자의 '록피시'다. 이곳은
작지만 아늑한 나의 비밀 장소로, 언제나 스윽 스치는 바람처럼
조용히 들어가 마시고 나오곤 했다. 2022년 유니클로에서 진행한
'긴자 콜라보레이션 프로젝트'의 일환으로 이곳이 소개되기도
했는데, 그때 어쩐지 내 보물 상자를 들킨 것 같아서 아쉬운 마음이
들기도 했다. 낡은 건물 7층에 입구조차 잘 보이지 않는 나무
문을 열면 새로운 세상이 펼쳐진다. 기본적으로 이곳은 혼술에
최적화되어 있는 만큼 타치노미(立ち飲み)*에-테이블과 의자가
있기는 하다-카운터 옆으로 작은 책자들이 놓여 있어 책을 보고
땅콩을 먹으며 느긋하게 술을 마실 수 있다. 아무도 말을 걸지 않고
자신만의 세계에 빠지는 시간. 여기서는 반드시 하이볼을 시켜야
한다. 록피시의 하이볼은 가히 '긴자의 하이볼'이라 불릴 만큼
상징적인데, 그 이유는 얼음을 넣지 않고 만드는 이곳 주인만의
진한 하이볼 맛 때문이다. 언젠가 카운터에 앉아 바텐더에게 무슨
대단한 비법이 있는 거냐며 물어보기도 했지만, 그는 도쿄의 다른

* 서서 마시는 스탠딩 형식의 술집.

주인들답지 않게 자신의 방법을 비밀에 부치는 듯했다. 그러던 어느 날 고개를 빼꼼 내밀고 그가 하이볼 만드는 모습을 유심히 지켜보았는데, 사실 별다른 비법은 없어 보였다. 칵테일 지거에 딱 1온스 정도의 산토리 위스키 가쿠빈을 부은 후 유리컵에 옮겨 담고, 나머지는 탄산수로 채우는 것 밖에는. 다만 언제나 차게 식힌 하이볼 전용 잔에 제공하고, 단맛이 없는 탄산수를 쓴다는 것이 특별하다면 특별했다. 저 위스키에 비밀이 있을지도 몰라. 나는 록피시에 갈 때마다 눈을 가늘게 뜨고 바텐터의 움직임을 관찰했다. 다소 진하고 노오란 이곳의 하이볼은 딱 정도를 걷는 맛이다. 꾸밈없이 담백한 사람처럼, 더하거나 뺄 것이 전혀 없는 클래식한 맛. 이것이 하이볼 본연의 맛이로구나! 나는 이곳에 드나들기 시작한 후부터 하이볼의 기준을 긴자의 하이볼, 록피시에 맞추게 되었다.

그런가 하면 겨울의 절정, 잠이 오지 않는 밤에 집에서 종종 해 먹는 술 핫토디(hot toddy)도 있다. 먼저, 소스용 냄비나 밀크팬에 물 한 컵을 넣고 끓인 다음 얼그레이 티백 1개, 정향이나 클로브 3개, 시나몬 스틱 1개, 꿀 2큰술, 레몬즙 1큰술을 넣고 함께 향이 우러나도록 끓인다. 유리컵에 뜨겁게 끓인 찻물을 담고 버번 위스키 1~2온스를 섞어 잘 저어서 마시면 된다. 난방 시설이 없어 집 안이 오히려 더 추운 일본에서 핫토디를 마시면, 온몸이 단번에 후끈하게 데워졌다. 한두 잔을 진하게 타 마시고 나면 곧잘 몽롱해지고 기분이 좋아져 긴긴 밤도 짧게 느껴졌다.

일본인 친구가 허름한 상가 안의 어느 복어집에 데려가 처음 맛보게
해준 히레자케(ひれ酒)*도 잊을 수 없다. 뜨거운 니혼슈에 말린 복어
지느러미를 불에 살짝 태우듯 구워 넣어주는 술로, 불을 붙인 잔을
뚜껑으로 덮어 약 1분 정도 기다린 후 지느러미를 꺼내어 마신다.
그렇게 지느러미의 향이 진하게 밴 술은 한번 맛보면 빠져나오지
못할 만큼 너무나 향긋하고 세련된 맛이었다. (물론 호불호는 있지
않을까 싶다.) 그 맛을 잊지 못해서 나는 츠키지 시장에서 사온 복어
지느러미를 집에 쟁여놓고 매해 겨울마다 불쇼를 해댄다. 후각으로
향을 느끼면서 맛을 음미하는 콘셉트라니, 술꾼들에게 이보다
근사한 취향이 또 있을까. 복어 지느러미를 만질 때마다 생각한다.
'요놈 참 기특하네!' 뜨거운 잔을 입가에 대고 후- 바람을 분 후
조심스레 목구멍 안으로 넘긴다. 그러면 이내 소복소복한 겨울 밤의
정취가 내 안으로 가득 들어차는 느낌이 든다.

얼마 전 아타미 여행에서 들른 찻집에서는 그린티 진토닉을 만났다.
원래 차를 마시러 들어간 곳이었는데 옆에 앉은 선배가 시킨
진토닉이 더 맛있어서 홀짝홀짝 뺏어 마셨다. 집에 돌아와서 그때의
맛을 기억해 따라해보니 얼추 비슷하다. 길다란 얼음컵에 냉침한
녹차 1온스, 진 1온스, 토닉 워터를 채우고 레몬즙을 0.5온스 정도
넣어 섞는다. 맛을 보고 꿀을 살짝 넣어 단맛을 가미해도 좋다. 이때
녹차를 최대한 엷게 우리는 것이 포인트. 감귤과 감초, 시트러스,
오이, 솔잎 향이 어우러진 오묘한 고든스 런던 진(Gordon's london dry

gin)** 위에 있는 듯 없는 듯 희미하게 올라오는 녹차 향이 잠들어 있던 미각을 상쾌하게 깨운다. 아, 세상엔 왜 이렇게 맛있는 술이 많은 걸까! 자, 이제부터 여름의 술은 너로 정한다.

* 아츠캉(あつかん, 데운 술)에 직화로 구운 히레(ひれ, 지느러미)를 넣은 술.
** 어니스트 헤밍웨이가 가장 좋아했던 진으로, 세계에서 가장 많이 팔린 브랜드 중 하나로 알려져 있다.

수프 끓이는 냄새

도치기현의 코코팜 와이너리에 갔던 날, 나는 미네스트로네 수프에
마음을 홀딱 빼앗기고 말았다. 와인과 함께 떠먹는 시원하면서도
감칠맛 좋은 수프 맛이 뇌리에서 잊히지 않아 그후 캐주얼한 식당의
메뉴판에서 이 수프를 만나면 반가운 마음에 시키곤 했고, 집에서도
곧잘 만들게 됐다. 내 생각에 수프나 스튜 쪽 음식은 음식이라기
보다는 기운에 가깝다. 나에게 기운을 북돋아주고 영혼을
어루만져주는 한 끼 식사. 이들의 미덕은 가볍고 산뜻하다는 것이다.
그러나 영양이 풍부하게 농축되어 있어 이것만으로도 충분하다는
생각이 든다. 완전하지 않아도 충만한 무언가. 그것이 요리에
있어서는 수프와 스튜인 것이다.

겨울마다 집에서 자주 해 먹는 메뉴는 미네스트로네(수프)와

굴라쉬(스튜)다. 토마토, 양파, 마늘, 당근, 샐러리, 양배추 등 이
두 가지 요리에 들어가는 채소의 종류는 거의 동일하다. 다만
클래식 미네스트로네에는 콩과 베이컨, 파스타―주로 짧은 형태―가
들어가고 이탈리안 허브들로 풍미를 낸다면, 굴라쉬는 소고기와
토마토가 메인이며 파프리카 가루, 캐러웨이 가루로 향을 더한다는
차이가 있다. 기본적으로 수프는 국물이 중심이 되므로 채소를 좀
더 잘게 써는 반면, 스튜는 보다 걸쭉한 농도라 재료를 큼지막하게
썬다는 것도 다르다. 육수는 둘 다 채소 육수 혹은 닭 육수를 쓴다.
수프든 스튜든 시간이 지날수록 더 맛있어지고, 넉넉한 양을 끓이면
두고두고 먹을 수 있어 추운 겨울날의 식사로 각광받는 메뉴이기도
하지만, 외국에서는 우리나라의 곰국처럼 요리하는 이가 여행을
떠날 때 해놓고 가는 음식이라는 사실이 재미있다.

수프나 스튜를 끓일 때 가장 좋은 점은 레시피에 연연할 필요가
없다는 거다. 유럽에서도 집집마다 자신들만의 고유한 레시피가
있을 정도니까. 냉장고에 남은 채소를 아낌없이 다 넣고 뭉근하게
끓이면 끓일수록 맛이 깊어진다. 채소를 볶고 향신료를 추가하면
어느새 집 안 전체가 달큰한 향으로 가득 차는데, 그때가 바로
하우스(house)가 홈(home)이 되는 순간이 아닐까 싶다.
미네스트로네가 조금 맑고 고운 느낌이라면 굴라쉬는 발음이 주는
분위기 그대로(?) 맛에도 묵직한 무게감이 있다. 굴라쉬가 유럽의
'육개장'이라 불리는 이유도 바로 이런 연유일 터. 실제로 많은
이들이 해장용으로 즐겨 먹는 메뉴이기도 하다. 굴라쉬를 먹고
있으면 가슴 속이 핫팩을 안고 있는 것처럼 따뜻해지고 손끝까지

열이 전달되어 에너지를 내뿜기 시작한다. 이러한 과정을 천천히
감각으로 느끼며 음식을 먹을 수 있다는 것이 내가 생각하는
집밥의 매력이다. 식당의 다음 예약자를 위해 남은 시간을
계산해가며 마음 쫓길 일이 없으니까. 그래서 집에서는 입으로
음식을 먹는 것이 아닌, 몸 전체로 음식을 소화하고 받아들이는
기분이 든다. 온전히 나만을 위한 시간을 소유한다는 것은
생각해보면 요즘 같은 시대에 엄청난 여유가 아닐런지.

따뜻하고 부드러운 공기에 휩싸인 집 안에서 스튜에 와인을
홀짝홀짝 기울이고 있노라면 몸이 어느새 온천물에 푹 담갔다 나온
사람처럼 흐물흐물 노곤해진다. 시야가 조금씩 흐릿해지면 전람회의
〈기억의 습작〉이나 루시드 폴의 〈오, 사랑〉 같은 옛 노래를 튼다.
잊고 있던 기억의 실타래가 풀어지며 좋았던 시간, 추억들이 마음
속 앨범을 들여다보듯 펼쳐진다. 어릴 때 가족과 함께 있던 풍경,
고마운 사람들, 보고 싶은 이들이 하나둘 눈앞에 스쳐 지나간다.
행복했던 기억은 어째서 힘들었던 기억보다 더 강한 걸까. 희망은,
행복은 힘이 세다는 건 정말로 맞는 말이다.
언젠가는 수프를 만들 때 나는 채소의 향을 향수로 만들어보고
싶다. 그 향수는 요리하지 않는 친구들에게 선물하는 것이 좋겠다.
엄마 생각이 날 때, 집에 온기가 필요할 때, 그때 그곳으로 공간
이동을 하고 싶을 때 칙칙 한 번씩 뿌려보면 어떨까. 우리에게 아직
괜찮은 나날들이 많이 남아 있다는 사실을, 때로는 수프 끓이는
냄새가 알려준다.

굴라쉬

재료

소고기(장조림용이나 카레용) 250g
완숙 토마토 1개
양파 1/2개
당근 1/3개
감자 1개
파프리카 1/3개
샐러리 1대
마늘 2개

토마토 홀 300g
채소 육수 혹은 닭 육수 200g
파프리카 가루 2작은술
캐러웨이 가루 1작은술
월계수 잎 3장
올리브오일 적당량
소금, 후추 약간
알룰로스 혹은 설탕 약간

만드는 법

1. 각각의 채소를 적당한 크기의 큐브 모양으로 썬다. 고기는 썰고 난 후
   실온에 잠시 두었다가 소금과 후추로 밑간을 해둔다.
2. 속이 깊은 냄비에 올리브오일을 두른 후 고기를 굽는다. 구워진 고기는
   별도의 바트에 따로 빼놓는다.
3. 같은 냄비에 양파를 볶은 후 투명해지면 감자, 당근, 샐러리를 넣어 볶는다.
   채소가 어느 정도 볶아지고 숨이 죽으면 마늘과 파프리카, 토마토를
   차례로 넣는다.
4. 파프리카 가루와 캐러웨이 가루를 넣고 볶는다. 알룰로스, 소금, 후추로
   간을 한다.
5. 토마토 홀을 넣고 중불에서 충분히 끓여준 후 끓으면 약불에서 10분 정도
   더 끓인다.
6. 고기와 육수, 월계수 잎을 넣고 끓인다. 한소끔 끓으면 약불로 줄이고
   20~30분 정도 더 졸이듯 끓인다. 중간에 물이 부족하면 더 넣어주며
   원하는 농도로 맞춘다. 마지막으로 소금, 후추로 간한다.
7. 적당하게 걸쭉한 농도가 맞춰지면 그릇에 담고 구운 바게트나 사워도우
   빵과 함께 낸다.

- 고기를 구울 때는 많이 뒤적거리지 않는다. 뒤적거리면 물이 생기고 고기가 노릇하게
  익기보다는 하얗게 쪄진다.
- 수프나 스튜를 먹을 때는 바게트나 사워도우를 곁들인다. 가능한 두껍게 썰어서
  투박하게 찍어 먹는 것을 추천한다.
- 농도를 보고 토마토 페이스트를 추가해도 좋다.

Midnight Kitchen

차의 기억

차를 진심으로 즐기기 시작한 것은 일본에서 비가 많이 내리는
날들을 경험하고 난 후부터였다. 무덥고 화창한 날에는 차가
생각나지 않았다. 언제나 아메리카노가 먼저였다. 그런데 비
오는 날에는 얘기가 달라진다. 촉촉하게 수분을 머금은 공기가
바닷바람에 실려 빌딩 숲으로 흐릿하게 퍼져 나가는 날이면,
어김없이 커피 대신 차를 고른다.

어느 여름날 마루노우치의 오후. 비를 피하기 위해 자연스럽게
길거리의 한 찻집으로 들어섰다. 나도 모르게 '빨려 들어갔다'라는
표현이 더 적확할지도 모르겠다. 점원은 따듯하고 적당한 온도로
우린 교쿠로 차에 야마나시의 복숭아 한 조각을 띄워주었다. 혀끝에

스페일로스
TWG

구르는 듯 퍼지는 선한 섬세함. 그 사이로 달달한 복숭아 향이 슬쩍
스치듯 지나갔다. 비와 차가 참 잘 어울린다는 걸, 은은하고 약한
차도 충분히 좋다는 걸, 그때 처음으로 알게 됐다. 취재 후 헛헛한
마음에 들른 구라마에의 '리프마니아'라는 찻집에서도 차의 다양한
향연을 음미할 수 있었다. 가게의 기둥 한 켠에는 한자가 쓰여
있었는데, 그 표현이 아직도 기억에 남는다. "가장 깊은 맛은 엷은 맛"
그날 정확히 어떤 차를 어떻게 마셨는지, 주인의 기술이나 방법은
기억이 잘 나지 않지만 정말 맛 좋은 차를 많이 마셨다. 그중 한
가지 감각만은 선명하다. 차 앞에서는 시간의 축이 어긋난 듯
느긋하게 흘러간다는 것.

한국에서는 가끔 차회에 초대해주는 지인이 생겼다. 본업이 따로
있는 그는 한옥 공간을 마련해서 주변 사람들을 불러 종종
프라이빗한 차회나 와인 행사, 음악회를 연다. (이 얼마나 고상한 취미이자
'부캐'인가!) 작년 봄, 그곳에서 모처럼 평온하고 느긋한 시간을
가졌는데, 그날도 거센 비가 내리는 밤이었다. 그가 내어준 맑고도
깊은 차는 하나같이 좋았고, 마지막에 디저트(?)로 준 포 로지스(Four
Roses)의 귀한 버번 위스키는 감탄사만 나올 뿐이었다. 즐겁게 대화를
나누다가 어느 순간 드뷔시의 〈꿈〉, 〈달빛〉, 〈아라베스크〉가 연달아
흘러나온 것 같았는데, 순간 봄밤과 이 곡들이 이렇게 잘 어울리나
싶을 정도로 나른했던 기억이 있다.

얼마 전에는 '희녹'이라는 브랜드 행사에 참석했다가 '월하보이'라는 찻집으로 안내를 받았다. 날도 흐리고 을씨년스럽게 추우니, 차 한잔 하고 가라는 브랜드의 사려 깊은 초대였다. 작은 난로를 뒤로 하고 대표가 직접 내려주는 보이차를 마시며 착석한 사람들과 다같이 대화를 나누게 됐는데, 차는 알면 알수록 어렵다는 우리의 말에 찻집의 대표는 이렇게 대답했다. "차는 쫓는 것이 아니라 내게 들어오는 것이에요." 내게는 그 말이 그날 마신 차의 여운처럼 깊었다. 그건 지금껏 내가 아무런 격식 없이, 캐주얼하게 즐겼던 차의 시간을 긍정해주는 말이었고, 공부와 탐구보다 더 중요한 것은 나의 느낌과 기분이라는 얘기이기도 했다. 그녀는 또 차의 의미란 맛과 향 뿐만이 아니라 나 자신에게 쉼을 주는 자체라고 덧붙였다. 생각해보니 맞는 말이었다. 어느새 경직됐던 몸과 마음이 노곤노곤하게 풀어졌다. 그러면서 그녀는 '차는 시간을 마시는 것'이라고 명쾌하게 정의 내렸다. 한 잔의 차에는 녹색의 잎을 재배하는 일부터 시작해 말리고 찌고, 볶는 등 우리에게 오기까지의 기나긴 시간이 있다. 그리고 그 차를 우려내 마시기까지의 시간까지…. 여기에 하나 더 덧붙이자면 누군가와 어떤 계절, 어떤 상황에 마시는지도 중요하겠지. 그녀의 안내 대로 천천히 차를 마시고 있으니 마치 차와 내가 조곤조곤 대화를 나누고 있는 듯한 기분이 들었다. 아무 탈 없이 흘러간 하루 끝에 가지는 티타임은 우리의 삶을 실로 감미롭게 만들어준다.

문득 어린 시절의 풍경이 떠오른다. 겨울에 감기에 걸릴 때면 엄마는 종종 모과차와 유자차를 끓여주었다. 집 안을 향긋한 과일 향으로 가득 채우는 차에는 비밀스러운 마법이라도 들어 있던 것인지, 마시기만 하면 언제 그랬냐는 듯 감기가 뚝 떨어졌다. 일본에서는 집에 있는 시간이 한국보다 더 추워서, 뭐든 체온을 올리는 일을 했다. 그중 하나가 대추 생강차를 끓이는 것이었다. 여기에 유자를 썰어 넣거나, 집에 있는 허브티를 함께 넣어 나만의 차를 만들었다. 무슨 차든 차를 만드는 시간은 조용하고 평화롭게 흐른다. 어쩌면 그 온화한 공기의 온도가 좋아서 차를 끓이는 지도 모르겠다.

깊고 고요한 밤, 차를 만드는 나는 미지의 숲속 이름 모를 마녀가 된다. 느리고 느리게, 시간의 언덕을 넘는 듯한 기분. 약 40분간의 기다림 끝에 마시는 차에는 달고 향긋하고 씁쓸한 대지의 맛이 녹아 있다. 홀짝홀짝. 흡사 시냇물이 흐르는 소리가 나는 듯하다. 이윽고 잔잔한 호수에 작은 파장이 일듯 몸 속에 천천히 퍼져가는 나긋한 액체. 그렇게 겨울의 시간도 녹아 흐른다.

• 전통차를 끓이는 것이 아무래도 번거롭다면 남산 하얏트 호텔 로비 라운지의 쌍화차나 대추차를 권하고 싶다. 달달한 유과와 함께 나오는 티세트는 한 겨울의 호사가 따로 없다.

대추 생강차

재료

대추 20알
생강 1~2개
계피 스틱 2개
꿀 2큰술

카페인 프리 허브 티백 아무거나
1개(optional)
유자 껍질 적당량(optional)

만드는 법

1. 대추를 깨끗하게 씻어 가위로 군데군데 자른다. 이렇게 하면 대추의 달큰한 맛이 더 잘 우러난다.
2. 냄비에 준비한 대추와 씻은 생강, 계피를 넣고 물을 넣어 팔팔 끓인다.
3. 물이 끓으면 중간중간 생기는 거품을 걷어내고 중약불로 줄여 40분간 천천히 끓인다. 마지막 5분 정도에 카페인이 없는 허브 티백이나 유자 껍질을 넣어도 좋다.
4. 컵에 따르고 꿀을 넣어 마신다.

• 1시간 이상도 끓여봤지만 그럴 경우 계피 향이 지나치게 강해져 쓴맛이 난다. 40분 정도가 적당하다.

오렌지 시나몬 차

최근에는 오렌지 시나몬 차에 푹 빠졌다. 오렌지와 시나몬(계피)은 내가 만난 최고의 조합 중 하나. 달콤한 오렌지 향 속으로 나무 향이 은은하게 퍼지고, 맨 뒤에 남는 매콤하고 쏩쓸한 향이 매혹적이다. 오렌지 껍질에는 비타민C, 플라보노이드 같은 항산화 성분이 풍부하고 섬유질도 많다. 시나몬은 혈당 조절에 도움을 주고 염증을 줄여준다고 알려져 있다. 소화를 돕는 효과가 있어서 식사 후 마시는 걸 추천한다. 무엇보다 이 차를 끓이고 있으면 한겨울의 집 안이 따듯하고 포근한 향으로 가득 찬다.

재료

오렌지 2개
레몬 1/2개
생강 1개
시나몬 스틱 2개

팔각 2~3개
꿀 약간
정향 1~2개

만드는 법

1. 오렌지는 깨끗이 씻어 반으로 잘라 즙을 낸다. 레몬도 즙을 낸다.
2. 냄비에 오렌지와 오렌지 껍질, 레몬, 생강, 시나몬 스틱, 팔각, 물 600ml 정도를 넣어 30~40분간 끓인다.
3. 찻잔에 마실만큼 덜어서 꿀과 정향, 오렌지 조각을 띄워 낸다.

• 오렌지를 씻을 때는 팔팔 끓는 물에 오렌지를 살짝 데친 다음 흐르는 물에 씻는다. 물이 담긴 볼에 베이킹 소다, 식초를 잘 풀어준 뒤 오렌지를 넣고 10분 정도 담가둔다. 흐르는 물에 여러 번 헹궈낸다.

K-푸드와 언어

우리에게 식(食)이란 곧 생(生)이자 문화다. 특히 나는 한국인처럼
먹는 것에 진심인 민족도 없다는 걸, 일상에서 자주 느끼는
편이다. 언어에 대한 관심 때문일까. 어린 시절부터 노출된 다국적
환경은 내게 언어란 의사소통을 위한 도구를 넘어서 사람들의
사고방식이요 세계를 인식하고 감각하는 기준이 된다는 사실을
깨닫게 해주었다.

여기 우리가 일상적으로 즐겨 쓰는 표현을 살펴보자.

금강산도 식후경
수박 겉핥기
알토란 같다.

고기도 먹어본 놈이 먹는다.

그림의 떡

고구마 먹은 것 같다.

똥인지 된장인지 구분을 못 한다.

못 먹는 감 찔러나 본다.

미운 놈 떡 하나 더 주지.

맛 좀 봐라.

떡 줄 사람은 생각도 않는데 김칫국부터 마신다.

개밥에 도토리

밥 먹을 땐 개도 안 건드린다.

~을 밥 먹듯 하다.

우물 가서 숭늉 찾는다.

죽 써서 개 준다.

누워서 떡 먹기

엿 먹어라.

한국인이라면 누구나 이 표현의 의미를 안다. 그런데 위에 든 예시는 지금 막 생각나는 몇 가지를 읊은 것에 불과하다. 심지어 우리는 나이도 '먹고', 약속도 잊어 '먹고', 애도 '먹고', 돈도 떼 '먹고', 물도 '먹고', 골도 '먹으며'(경기에서 질 때), 화장도 잘 '먹는다'고 말하지 않나. 트렌드의 흐름이 빠른 나라임에도 불구하고, '먹방'과 요리 예능 프로그램이 유독 지속적인 사랑을 받는 이유 또한 그만큼 온 국민이 먹는 걸 진정으로 중요시하고 좋아하기 때문이라고 생각한다.

그런 의미에서 나는 K-푸드가 K-팝과 K-영화, K-드라마, K-뷰티에
이어 전 세계적으로 선풍적인 인기를 끌고 있는 최근의 현상을
지켜보며, 오히려 이 순서가 뒤늦게 찾아온 것은 아닌가 싶은 것이다.
"저는 늘 이렇게 진심으로 연기했을 뿐이에요." 오랜 무명 시절을
딛고 스타로 우뚝 선 배우가 한 인터뷰에서 했던 이야기처럼, 우리는
사실 늘 이렇게 먹어왔다. 단지 세상이 이제야 우리의 건강하고
다채로운 식문화에 눈을 떴을 뿐.

엄마는 영국 학교에 다니던 어린 소녀의 도시락에 한국 음식은
물론이요 냄새 난다는 김치를 넣지 않았고 그것은 어떤 암묵적인
약속과도 같았다. 당시의 나는 점심식사로 클럽 샌드위치와 과일만
주구장창 먹었던 것 같다. (그래서 지금 외국에서 생활하는 어린 친구들이 내심
부럽기도 하다. 그들이 학교에서 받는 대우는 우리 때와는 많이 다르다고.) 영국 록
음악과 일본 드라마가 대세였던 당시에는 그게 당대의 가장 '힙한'
유행이었는데, 여러모로 격세지감을 느끼는 요즘이다.
'라떼는~' 같은 이야기라고 해도 어쩔 수 없다. 그래서 나는
누구보다 현재 세계가 주목하는 선진 한국의 모습-노벨 문학상을
탔다는 사실은 아직도 놀랍기만 하다-은 물론이요, 내가
한국인이라는 사실이 누구보다 자랑스럽고 뿌듯하다. 이러한
양상은 몇몇 소수의 특출난 재능이 빛을 발한 결과라기보다는-
물론 BTS와 블랙핑크에게 큰 감사를 표하는 바다- 각계 각층에서

자신의 역할을 다하며 성실하게 살아온 모든 국민의 덕이 비로소
인정받고 있는 것이라고 믿는다.

여기서 K-푸드의 성과를 열거하고 싶지는 않다. 하루가 멀다 하고
많은 매체와 영상을 통해 다뤄지고 있으니까. 다만 한 가지 말하고
싶은 게 있다면 소중한 우리의 식문화를 한낱 소비되고 흘러가는
트렌드가 아닌, 체계적인 기준과 시선으로 정립해야 할 시점이라는
것이다. 누군가 한국 음식의 특징이 무엇인지 묻는다면 자세히
설명할 수 있을까. 싸고(쌈 문화) 비비며, 발효하고, 캐고 뜯으며(나물),
오래 끓이는 것(국과 탕 문화)만이 전부일까. 요즘 국내외적으로
칭송 받는 사찰 음식이 과연 한식을 대표한다고 말할 수 있을까.
그러기엔 대대로 내려오는 종가 음식과 궁중 음식의 전통, 건강과
복을 기원하는 세시 명절 음식 또한 한식의 뿌리로서 중요한 지위를
차지하고 있다. 그렇다고 미쉐린 별을 받는 한식 모던 파인 다이닝만
찬사 받는 현상도 조금 이상해 보인다. 일상적이고 평범한 한식의
범주는 그보다 훨씬 깊고 넓으니 말이다.

물론 한국의 맛이 꼭 전통적인 것만을 의미하지는 않는다고
생각한다. 고 이어령 선생은 한식은 다른 음식과의 관계 속에서
존재 이유를 가지며, 모든 것을 포용하고 통합하는 '포함적'
문화라고 했다. 예를 들면 현재의 고구마 피자, 해장 파스타,
'아샷추(아이스 티에 에스프레소 1샷 추가)', 튀긴 핫도그-현재 서양에서
큰 인기를 끌고 있는 한국식 핫도그-가 좋은 예시가 될 것이다.

사실 과거의 맛과 현재의 트렌드, 이국의 맛을 우리 식대로 엮고
발전시키는 것은 진취적인 한국인의 민족성과도 무관하지 않다.
한자리에 머물러 있는 것을 거부하는 민족. 더 나은 것을 꿈꾸고,
개발하고, 추구하는 사람들. 한국인의 노력과 열정으로 빚어낸
문화를 나는 이제 세상에 좀 더 세심하고 섬세하게 알려야 할 때가
왔다고 생각하는 것뿐이다. 가장 중요한 것은 온전한 우리의 언어로
이를 정의하는 것이다.

야나기 무네요시는 1930년대에 우리의 평범한 막사발에 매료되어
'민예'라는 단어를 만들고 그 아름다움을 설파했다. 더 과거로
거슬러 올라가면 차의 대가 센노 리큐는 조선의 막사발에서
발견한 소박한 정신을 '와비'의 미학으로 승화시켰고, 도요토미
히데요시 또한 가장 아끼는 부하들에게는 이도 다완(우리의 막사발)을
하사했다고 알려진다. 이것은 모두 한국인의 '막' 문화, 즉 무기교의
기교, 인위적인 것을 뛰어넘는 지혜를 높이 평가하고 자신들의
문화적 사고 체계이자 미의식의 형태로 정립한 것이었다. 우리가
아무리 '원조'를 내세워도 그것은 이미 그들의 정신적 뿌리가 된 지
오래다.

지금부터라도 우리의 문화와 라이프스타일을 우리 식으로 정의
내리는 작업이 이루어지면 어떨까. 한식에는 맵고 자극적인 맛만
있는 것이 아니라 텅 빈 맛(쌀밥), 시원한 맛, 멋이 담긴 맛, 나눔의
정, 공경의 마음, 그리고 한상 차림이 주는 풍요로움과 선택의 자유

같은 것들이 있다는 것을 우리말로 알리고 싶다. '우마미(umami)'*나
'시이타케(shiitake)'**처럼 우리 언어로 알려지는 식문화가 더
많아졌으면 좋겠다. 언어는 식(食)만큼이나 사람들을 움직이는
강력한 문화이자 삶 그 자체인 까닭이다.

그것은 비단 '국뽕'이나 국수주의가 아니라 우리 밥상에 존재하는
정신과 예술, 미학을 우리 스스로 새롭고 창의적으로 바라보자는
제안이다. 만들어놓은 게 아무리 훌륭해도 그것을 알리는 지속적인
마케팅과 홍보가 제대로 이루어지지 않는다면 그 생명력은 오래
갈 수 없을 것이다. 제 아무리 좋은 것이라도 우리 것으로 단단하게
만들어놓지 않는다면 빼앗고 베끼는 것을 배 아파하며 지켜볼
수 밖에 없다. 무엇보다 우리가 우리 것을 소중히 하지 않으면 그
누구도 우리를 소중하게 생각하지 않는다.

식문화 체험 행사나 한식 관련 대회, 예능 프로그램도 좋지만
보통의 '집밥' 그리고 한식에 스민 정서와 미의식을 개념적으로
확립하고 알리는 연구 작업이 활발하게 이루어지기를 소망한다.
지속 가능한 우리의 아름다운 식문화를 위해서. 여기에 나의 글이나
작업이 작은 도움이나마 될 수 있으면 좋겠다. 물론 '부뚜막의
소금도 집어 넣어야 짜다'는 걸 나부터 명심하고 실천해야 하겠지.

* 1900년 초 일본의 과학자 이케다 기쿠나에 박사가 다시마 국물 속에서 발견한
감칠맛 물질. 그는 이 맛을 '맛의 본질'을 의미하는 일본어 '우마미'로 명명했다. 현재
서양에서는 감칠맛을 'umami'로 표현하며 국제적으로 통용되는 5번째 맛으로
인정받았다.
** 표고버섯은 중국에서 맨 처음 재배했다고 알려졌으나 서양에서는 일본어인
'shiitake'로 통용된다.

밤 수프

가을이 되면 가장 많이 만드는 요리 중 하나가 수프. 찬바람이 불 때 견과류가
들어간 수프를 먹으면 뿌듯한 마음이 든다. 냄비에 얇게 썬 양파를 볶다가 삶은
밤과 우유를 넣고 한소끔 끓인다. 블렌더에 넣고 갈아 소금으로 간을 맞춘 후
후추를 톡톡 뿌려 낸다. 견과류를 잘게 썰어 올리면 가을 풍경이 따로 없다.
거리에 쏟아진 낙엽을 하나둘 모아 테이블 위에 장식해본다. 흙과 숲의 색이
담긴다. 남은 날들의 빛깔을 즐기는 다시 오지 않을 순간, 이때를 즐긴다.

꽃게탕

'냉털 요리'의 달인이지만 가끔은 호사스러운 한 끼도 놓칠 수 없다. 백화점에서
좋은 꽃게를 사와 탕을 끓였다. 꽃게 외에도 무와 애호박, 대파, 된장, 다진 생강이
꼭 들어가야 한다. 다시물에 양념장을 풀고 꽃게와 채소를 넣어 끓이면 완성.
생각보다 별 게 없어서 당황하게 되는 간단한 요리인데, 꽃게가 맛을 전부 내주기
때문이다. 맛도 훌륭하지만 멋스러운 비주얼 때문에 가을마다 꼭 만드는 요리.

무화과 덴푸라

가을이 되면 괜스레 배에 기름칠이 하고 싶어진다. 늦여름부터 초가을까지
짧게 나오는 무화과는 분홍빛 과육에 부드러운 단맛이 매력적인 과일이다.
그냥 먹어도 좋지만, 튀겨 먹으면 달콤한 고소함이 배가된다. 흐르는 물에 씻어
키친타월로 물기를 닦아낸 무화과를 전분가루를 깐 바트에 옮기고, 굴리면서
가루를 골고루 묻힌다. 튀김가루와 물을 섞은 볼에 넣어 반죽을 입힌 후,
160~180도로 예열한 기름에 튀긴다. 공기 한 움큼 머금은 듯 바삭바삭한 식감에
달달한 무화과의 온기. 별안간 행복감이 밀려드는 맛이다.

엄마의 두부찜

어릴 적부터 엄마는 두부찜을 많이 했다. 그럴 때마다 "또 두부찜이야?" 하고
투정을 부렸는데 요리를 본격적으로 하고 보니 냉장고에 재료가 마땅치 않을 때
두부찜만큼 간편하게 맛과 영양을 챙길 수 있는 음식이 드물다는 걸 알게 됐다.
나는 엄마 식대로 두부찜을 한다. 얇게 썬 양파를 냄비 밑에 깔고 적당한 크기로
썬 두부를 올린 후 익히다가 양념장(진간장, 다진 마늘, 고춧가루, 올리고당, 매실액,
후추)을 끼얹는다. 다시물이 있다면 자작하게 넣는다. 썰어둔 대파와 홍고추 혹은
청양고추를 올려 바글바글 졸이듯 끓이면 완성.

가을 플레이팅

계절을 담은 플레이팅은 그리 어려운 것이 아니다. 제철 디저트는 접시에 바로
올리기보다 종이 등을 적절히 활용하면 좀 더 대접하는 느낌을 줄 수 있고, 격식과
품위도 있어 보인다. 마땅한 트레이나 쟁반이 없을 경우엔 마음에 드는 잡지나 책
위에 디저트를 올려도 좋다. 바쁜 일상 속에서도 혼자만의 시간을 꼭 사수하기를.
그 잠깐의 여유가 삶을 보다 여유롭고 감각적으로 즐길 수 있게 도와준다.

아부용 갈비찜

갈비찜은 생일이나 새해, 연말 혹은 남편에게 아부할 일이 있을 때 한다. 번거롭고
만드는 데 오래 걸려서 한눈에 봐도 정성을 다했다고 여겨지는 음식. 친구와 함께
떠나는 여행을 계획하고 있을 때 효과를 톡톡히 봤다. 이날은 궁중식으로 했다.
갈비는 삶았다가 전분가루에 버무린 후 기름에 지진다. 어느 방송에서 이렇게 하면
육질이 부드럽고 맛이 풍부해진다고 했는데 정말로 그랬다. 양념장은 세 번 정도
나누어 넣고 졸여야 양념 간이 고기에 잘 밴다.

늦가을 풍경

가끔 어떤 눈부신 날을 마주하면 그 풍경의 감각을 테이블 위로 데리고 오고
싶어진다. 감나무 위에 떨어진 때이른 눈을 보고는 집으로 돌아와 냉장고 안의 감을
꺼냈다. 가을 낙엽 그리고 감나무 위에 쌓인 눈…. 늦가을의 정취를 형상화해본 안주
플레이트다. 낙엽은 연근칩으로, 리코타 치즈는 눈으로. 후추를 뿌려서 흘러가는
계절의 쓸쓸한 황량함도 조금.

Winter

겨울

이 세상은
너의 굴이야

겨울이 기다려지는 이유는 전부 굴 때문이다. 외국인들이 겨울철
한국에 오면 흔하디 흔한 굴을 보고 놀란다고 한다. 실제로
우리나라는 전 세계에서 굴을 가장 싼값에 먹을 수 있는 곳이다. 전
국민이 '굴수저(굴과 금수저의 합성어)'란 우스갯소리가 있을 정도다.
고백하건대 나는 20대 중반까지 굴을 싫어했다. 어린 시절 기억나는
식탁의 장면에는 언제나 굴이 주인공처럼 등장했다. 굴을 좋아하는
아빠가 종종 식탁에서 생굴을 먹고 있으면 언니와 나는 기겁하며
방에 들어가곤 했다. 부엌 전체에 진동하는 비릿한 바다 냄새도
싫었지만, 혐오스럽게 못생긴(?) 얼굴은 더 싫었다. 아빠는 언제나
"너희는 굴 맛을 몰라!" 하고 짧게 대꾸하면서, 접시 위에 가득
놓인 굴을 초고추장에 찍어 순식간에 먹어 치우곤 했다. 그러던
내가 굴 맛을 알게 된 건 20대 막내 에디터 시절 밀라노 패션 위크

출장에 갔을 때였다. 모 패션 하우스의 애프터 파티, 턱시도에 나비
넥타이를 한 남성들이 우르르 몰려나와 호화로운 얼음 트레이 위에
석화를 쌓아 서비스하는 광경을 본 나는, 뒤통수를 한 대 맞은 듯한
충격을 받았다. 그때 향긋한 샴페인과 함께 먹은 커다란 석화와
캐비어의 맛은 아직까지도 잊을 수 없다. 당시 나는 프레스가 아닌,
마치 브랜드의 VIP 고객이 된 것처럼 허리를 곧추세우고 앉아
석화와 샴페인을 도도하게 먹고 마셨다. 꿀맛의 굴을 알아버린
꿈같은 밤이었다. 그때부터 굴은 내게 호사의 상징이 됐다.

여름철 산란을 끝낸 굴은 찬바람이 불기 시작하면 탱글탱글하게
부풀고 맛이 깊어진다. 그러니까 지금이 먹기 가장 좋은 때다.
실록에서는 굴을 석화(石花)라고 했다. 갯바위에 붙어 자라는
모습이 '돌 위에 핀 하얀 꽃' 같다는 뜻이다. 서양에서 굴은 '바다의
우유'라고 불리는데 우리나라에서는 '바다의 인삼'이라고 표현한다.
고단백 저칼로리에다가 필수 아미노산도 풍부하다. 아연, 철분,
타우린, 인 등의 무기질도 많아서 면역력을 보충해주는 대표적인
겨울 보양식으로 불린다. 바다의 향을 오롯이 품고 있는 녹진한 맛,
관능적이고 풍만한 식감, 영양소의 보물 창고…. 혹시 최근 몇 년 새
감기에 걸리지 않은 건 굴을 많이 먹었기 때문일까?
일본에서는 덴푸라가 일상이어서-집집마다 작은 튀김 냄비가
필수일 정도로 튀김을 자주 해 먹는다-굴튀김을 주로 만들어
먹었다. 굴튀김은 겨울의 이자카야에서 흔히 볼 수 있는 별미 메뉴라
겨울이 다가오면 빼놓지 않고 챙겨 먹곤 했다. 친애하는 소설가

무라카미 하루키의 《잡문집》에도 굴튀김 이야기가 등장하는데,
바삭한 튀김옷과 공존하는 부드러운 굴의 감촉에 그는 행복함을
느낀다고 했다. 나 또한 이러한 식감의 대조야말로 굴튀김의
백미라고 생각한다. 튀김을 바삭 하고 씹고 나면 물컹한 굴의
감각이 이내 나를 맞이한다. 이 극단의 식감이 몰고 오는 깊고 진한
겨울 바다의 향이란! 상큼한 타르타르 소스에 찍어 먹으면 굴튀김의
감칠맛이 더욱 폭발한다. 나는 여기에 맥주 대신 니혼슈를 곁들이는
것을 더 좋아한다. 청아하고 깨끗한 맛이 좋은 니가타산의 니혼슈는
(먹다 보면) 느끼할 수 있는 튀김의 맛을 잘 잡아준다.

한국에 돌아와서는 보다 다양한 방법으로 굴을 즐기고 있다.
굴튀김은 당연하고 굴솥밥, 굴무침, 굴국밥, 매생이 굴떡국까지.
한겨울 시장이나 백화점의 식품 코너에는 싱싱한 굴로 만든
어리굴젓도 있다. 생각해보면 한국만큼 굴을 다양한 요리에 응용해
먹는 민족도 드물다. 실제로 우리나라는 약식동원(藥食同源)이라
해서 음식과 약은 근원이 같다고 여겼다. 좋은 음식은 약과
같은 효능을 낸다고 믿었기에, 굴을 포함한 다양한 보양식
조리법이 만들어지기도 했다. 그런가 하면 유럽에서도 프랑스는
유명한 굴 생산국이자 소비국인데, 별다른 조리법 없이 생굴
자체를 즐기는 편이다. 레몬즙이나 다진 샬롯, 와인 식초를 섞은
미뇨네트(mignonette) 소스를 뿌려 먹는 정도? 굴 맛보다는 오히려
화이트와인이나 샴페인과의 마리아주를 더욱 중요시하는 듯하다.
작년에는 집에서 멀지 않은 동네에 굴 요리를 전문으로 하는 맛집을

찾아냈다. 생굴회부터 굴보쌈, 굴떡국은 기본이요 굴전, 굴무침, 굴된장 비빔밥, 굴삼계탕, 굴튀김, 굴탕수육까지 상상할 수 있는 모든 요리에 굴이 들어간다. 게다가 푸짐한 양과 넉넉한 인심에 놀랐다. "아낌없는 굴 파티를 할 수 있는 이 집의 비결은 뭘까?" 같이 간 남편과 얘기하다가 속삭이듯 내가 말했다. "아마 집안 대대로 굴 양식을 할 거야. 굴이 물처럼 흔한 거지!"(웃음)

(마음만 먹으면) 굴을 물처럼 흡입할 수 있는 우리나라의 겨울은 축복이다. 오늘도 굴을 무치며 세상에 절대적인 것은 없다고 읊조린다. 어린 시절 기피했던 재료가 어느새 없어서 못 먹을 정도로 좋아하는 재료가 될 수 있다는 건, 우리가 사는 이 세계에 절대적으로 '아닌' 것도, 나와 무조건 맞지 않는 것도, 이해 못할 것도 없다는 걸 말해주는 건지도 모른다고.

서양에는 "세상은 너의 굴이다(World is your oyster)"라는 속담이 있다. 세상은 네 것, 그러니 뭐든지 할 수 있다는 뜻이다. 다가오는 설에는 주변의 고마운 이들에게 이 덕담을 함께 전하고 싶다. 조금 엉뚱하고 무모해 보일지언정, 부디 소망하는 것들을 망설이지 말고 후회없이 시도해보자고. 섣부른 희망을 외치기보다는 그저 작은 용기를 무기로 부딪쳐보는 한 해였으면 좋겠다. 움츠러들기엔 봄은 코앞이고, 시간은 속절없이 빠르게 흘러가버리니까.

굴무침

재료

굴 2봉지
무 200g
굵은 소금 2큰술
    (무 절임용 1큰술 + 굴 세척용 1큰술)
쪽파 2줄기
미나리 3줄기
청양고추 1개
홍고추 1개

고춧가루 2큰술
국간장 1큰술
참치액 1~1과 1/2큰술
식초 2큰술(1큰술은 굴 세척용)
매실액 1큰술
다진 마늘 1/2큰술
알룰로스(혹은 설탕) 약간

만드는 법

1. 무를 3mm 정도의 두께로 썬 뒤 굵은 소금을 넣고 고루 섞어 10분간 절인다.
2. 작은 볼에 굴을 넣고 굵은 소금으로 살살 문지른 뒤 물에 헹군다. 체에 받친 후 그 위에 식초를 1큰술 떨어뜨려 섞는다.
3. 쪽파와 미나리는 깨끗하게 씻은 후 먹기 좋은 크기로 썰고, 청양고추와 홍고추는 얇게 어슷썰기한다.
4. 1의 절인 무채를 물에 가볍게 한번 헹군 뒤 꼭 짜서 물기를 제거한다.
5. 큰 볼에 4와 고춧가루 1큰술을 넣어 미리 버무린다.
6. 5에 굴, 쪽파, 미나리, 고추, 나머지 양념을 넣고 살살 버무린다. 부족한 간은 참치액과 식초, 알룰로스로 맞춘다.

• 사과 혹은 배를 넣어 상큼함을 더해주어도 좋다.
• 굴을 씻은 후 식초를 살짝 넣으면 탄력이 살아난다.

매생이 굴떡국

일본에서 매생이를 설명하는 것이 얼마나 어려웠는지! 나중에 알고 보니
매생이를 먹는 민족은 한국인이 유일했다. 없으면 더 먹고 싶은 게 사람
마음. 한국에 돌아와 매생이를 열심히 먹고 있다. 호로록 호로록. 특히 연말
해장국으로 이만한 게 없다. 끓이는 건 10분 이내라 또 얼마나 편한가.

재료

매생이 1봉지
굴 150~200g(1봉지)
굵은 소금 2큰술(굴 세척용)
떡국 떡 2컵
다시물 4~5컵
다진 마늘 1/2큰술

국간장 1큰술
맛술 1큰술
참치 액젓 1큰술
달걀 1개
소금 약간
자른 김(optional)

만드는 법

1. 떡국 떡은 찬물에 20분간 담가두었다가 체에 받쳐 물기를 뺀다.

2. 매생이를 깨끗이 씻어 준비한다. 건조 매생이라면 물을 붓고 10분 정도
   불린 후 체에 받쳐 행군 후 물기를 뺀다. 가위로 적당히 자른다.

3. 굴은 굵은 소금을 넣고 조물조물한 후 잠시 둔다. 불순물을 떼내고 물에
   살살 헹군다.

4. 달걀은 흰자와 노른자를 분리해 풀어준 후 소금을 한 꼬집씩 넣고 섞는다.
   혹은 분리 없이 섞어두고 떡국물에 바로 넣어도 무방하다.

5. 지단을 만들 경우, 프라이팬에 식용유를 소량 두른 후 중약불에 달걀물을
   붓고 부쳐낸다. 지단을 한 김 식힌 후 얇게 채 썬다.

6. 냄비에 다시물을 넣고 끓으면 중불로 줄이고 떡을 넣은 후, 차례로
   매생이와 굴을 넣는다.
7. 다진 마늘, 국간장, 맛술, 참치 액젓으로 간한다. 중간중간 거품을 걷어낸다.
8. 부족한 간은 소금으로 한다. 한소끔 끓인 후 떡이 동동 떠오르면 준비한
   그릇에 담는다. 지단과 김을 얹고 낸다.

• 국간장은 1큰술만 넣는다. 많이 넣으면 국물이 탁해지니 마지막 간은 소금으로 한다.
• 육수를 낼 때 대파와 배추 등 집에 있는 채소를 함께 넣어도 좋다.
• 매생이와 굴은 너무 오래 끓이지 말 것. 마지막에 넣어서 식감을 잘 살려준다.

겨울의 맛

나베 요리

일본의 겨울은 거리에 버려진 장갑 한 짝처럼 처량하기만 하다.
그 맛은 차게 식어버린 커피처럼 쓰디 쓰다. 바닥 난방이 없는
일본에서 제일 먼저 혹독한 겨울을 만나는 곳은 아이러니하게도
집. 스산한 찬 기운이 무릎, 팔꿈치에 날카로운 송곳처럼 스며들고
손발은 점점 얼음장이 되어간다. 그러니까 한겨울에도 반팔 티셔츠
입고 돌아다니던 한국의 거실 풍경이 사무치게 그리워지는 시기가
본격적으로 시작되는 것이다. 유니클로의 플리스나 초경량 패딩을
껴입고, 무인양품의 두터운 룸삭스를 꺼내 신는다. 이것이 2월까지
겨울을 나기 위한 모두의 유니폼이 되는 셈이다. 패션은 지리적
환경의 산물이 맞다.

서양의 식문화에서 마음을 데우는 요리에 수프가 있다면, 일본에서 그것은 나베다. 찬바람이 불기 시작하는 11월쯤부터 곳곳의 슈퍼에는 나베 요리를 위한 재료가 매대의 제일 중요한 자리에 오른다. 즉, 나베는 가을부터 겨울의 끝까지 일본인의 밥상에 가장 자주 오르는 요리 중 하나란 얘기다. 여름 내내 소바에게 빼앗긴 밥상머리의 주인공으로 나베가 당당히 재등장을 하는 것이다. (물론 서양식 카페에는 수프 종류가 한두 개씩 추가되고, 제철 재료를 내세운 한정 메뉴를 출시하기도 한다. 야외 푸드 마켓에서는 미네스트로네가 필수 아이템이 되기도.) 몇 년 전 SNS와 각종 미디어에서 인기를 끈 '밀푀유 나베(밀푀유는 프랑스어로 '천 개의 잎사귀'라는 뜻으로, 겹겹이 쌓인 채소와 고기로 만든 냄비 요리를 뜻한다)'도 근원을 따지고 보면 일식에서 출발한 일종의 퓨전 음식이다. 다음 페이지에서 내가 일본에서 즐겨 해 먹은 돼지고기 나베 요리를 소개한다.

여기서 잠깐, 나베의 숨은 주인공이 있다. 대부분의 나베나 전골 요리 끝부분에 살짝 들어가는 재료로, 보글보글 끓고 있는 냄비에 들어가는 순간 자신의 숨을 확 죽인 채 재빠르게 요리에 녹아든다. 공동의 이익을 위해 자신을 기꺼이 희생하는 것쯤은 숙명으로 여기는, 요리계의 성스러운 사회 봉사자이자 속을 알 수 없는 미스테리한 채소, 쑥갓 얘기다. 쑥갓이 들어간 지 겨우 1분이 지났을까, 국물을 맛보면 정말 신기하다. 주위의 분위기를 한번에 반전시키는 매력 넘치는 친구의 등장처럼, 쑥갓은 냄비 속 작은 세계를 전혀 다른 차원으로 끌어올린다. 이게 내가 한 음식이 맞나 싶게 전에 없던 감칠맛이 확 살아난다. 표고버섯, 돼지고기, 무, 당근 등 다양한 재료들을 조화롭게 어우러지게 만든 뒤 요리의 풍미에 고급스럽고도 씁쓸한 마침표를 톡 하고 찍는다. 겨울의 땅이 선물한 참으로 신비로운 재료가 아닐 수 없다. 그러니, 길고 긴 겨울의 나베에는 쑥갓 넣는 것을 잊지 말아야 한다.

Recipe.

돼지고기 나베

재료

돼지고기(얇게 저민 것) 200g
무(작은 사이즈) 1/3 개
다시물 500ml(가츠오부시를 추가해도 좋다.)
청주 50ml
폰즈(또는 유즈 폰즈) 3큰술
간장 1~2큰술

소금 조금
알배추 1/3통
표고버섯 2개
당근 1/3개
쑥갓 적당량
무순이나 브로콜리 새싹 적당량
유자 가루(optional)

만드는 법

1. 무는 나박 썰기 한다. 배추와 표고버섯, 당근도 적당한 크기로 썬다.

2. 돼지고기도 먹기 좋은 크기로 썬다.

3. 냄비에 무를 깔고 위에 돼지고기와 배추를 한 장씩 겹쳐서 올린 후 냄비 안에 빙 둘러서 보기 좋게 배열한다. 나머지 재료도 넣는다.

4. 3에 다시물을 넣고 끓인다. 청주를 추가한 후 뚜껑을 닫고 센 불로 끓인다.

5. 보글보글 끓기 시작하면 폰즈와 간장을 넣은 후 마지막에 쑥갓을 추가한다. 중불로 한소끔 끓여 소금으로 마지막 간을 한다.

6. 그릇에 담고 무순 혹은 브로콜리 새싹으로 장식한 후 낸다.

• 먹기 전 유자 가루를 살짝 뿌려도 좋다.

알싸한
겨울 냄새

배 조림

20대 막내 에디터 시절, 김명민 배우와 함께 오스트리아 빈에
화보 촬영을 간 적이 있다. 나는 당시 모 드라마를 막 끝낸 그를
거대한 성 같은 호텔로 데려갔다. 실제로 이 호텔은 옛 귀족의 성을
리모델링한 곳이었다. 돌이켜보면 끝이 안 보일만큼 복도가 길고
구조가 미로처럼 복잡해서 귀신이 나와도 전혀 이상하지 않을
으스스한 분위기였는데, 우리는 이곳에 머무는 매일 밤 고단한
몸을 알코올로 적셔가며 웃고 떠들었다. 가장 기억에 남는 날은
촬영 날이었다. 빈의 유서 깊은 장소 곳곳에서 촬영을 마친 우리는
근처에서 크리스마스 마켓이 열린다는 소식을 접하고 그대로
그곳으로 달려갔다. 신비로운 불빛이 반짝이던 광장은 축제의
열기로 가득 차 있었다. 마치 시간이 멈춘, 스노우볼 안에 들어와
있는 기분이었다. 광장 전체에 포근하고 나른한 향이 진동했다.

코에 스치는 그 향에 거짓말처럼 이끌려 다가가니 너도나도
새빨간 와인을 호호 불어가며 마시고 있었다. 대학교 때 친구들과
즐겨먹었던 뱅쇼가 그곳에서는 '글루바인'*이라는 이름으로 팔리고
있었다. 우리는 누가 먼저랄 것도 없이 외쳤다. "글루바인!" 토속적인
도기 컵에 가득 담긴 글루바인 한 잔은 하루 종일 얼어붙어 있던
몸을 녹여 주기에 충분했다. 매콤쌉싸름한 향에 코가 먼저 취하는
황홀한 술.

그때부터였을까. 매년 겨울이 되면 한번은 집에서 꼭 뱅쇼, 아니
글루바인을 만들었다. 친구들이 모이는 크리스마스 파티 메뉴로
늘 환영 받는 와인 음료였다. 그런데 친구들이 마음 놓고 모이지
못했던 코로나 때부터는 글루바인을 드문드문 만들게 됐다. 커다란
솥 같은 냄비에 넉넉한 양을 만들어 왁자지껄 마셔야 제맛인 이
아름다운 술이 어쩐지 쓸쓸하게 느껴져서였다. 대신 그 자리는
글루바인과 친척쯤 되는 빨간 배 조림이 대체했다. 가을이 무르익을
무렵, 라 프랑스가 일본 마트 한 켠을 차지하고 있기 때문이기도
했다. 사실 만드는 방식은 비슷하다. 잘게 썬 사과 대신 배가 통째로
들어간다는 것뿐.

저녁을 먹고 난 후 어둠이 내리면 슬슬 배 조림을 만들 준비를
시작한다. 식탁 위 둥근 달처럼 뜬 이사무 노구치의 노르스름한
조명에 의지해 천천히 졸이는 것이다. 다른 조명은 최대한 조도를

* 따뜻하게 데워먹는 레드 와인의 일종. 유럽에서는 성탄절 시즌이 되면 야외 마켓에서
사람들과 함께 뜨거운 와인을 마시며 한 해를 마무리한다. 프랑스에서는 뱅쇼(vin
chaud)라고 불린다.

낮춘다. 그래야 맛이 어두운 밤 속으로 나아가 더 잘 퍼지는 것만
같다. 와인 반 병을 콸콸 따른 냄비에 설탕과 갓 짠 오렌지 주스,
레몬 주스, 그리고 오렌지 껍질을 넣고 끓인다. 여기에 말갛게
껍질을 벗긴 배 두 개를 퐁당, 목욕하듯 집어넣는다. 정향과 팔각,
시나몬 스틱은 많이 넣을 필요 없이 조금만. 그뿐이다. 중약불에
끓이다 보면 어느새 주방 전체가 시큼쿰쿰 진한 겨울 향으로
녹아든다. 오래 전 빈에서 맡았던 그 글루바인 냄새. 어쩌면 이
냄새를 맡으려고 나는 와인에 배를 졸였을까.

어두컴컴한 적막 속에 천천히 누그러지는 배를 보고 있노라면
알싸한 기분이 든다. 이렇게 또 한 해가 가는구나. 어느덧 내 앞에는
검붉은 옷을 입은 배가 고아한 자태를 드러낸다. 와인을 한 번 더
끓여 졸여낸 시럽을 붓고 바닐라 아이스크림을 곁들어 낸다. 연말
분위기를 내고 싶어 가나자와산 금가루를 뿌려내면 이 영롱한
디저트는 거리의 일루미네이션처럼 어둠 속에서 빛을 발하기
시작한다. 칼로 조심스럽게 잘라 한입 베어 문다. 배의 우아한
살결이 아이스크림과 함께 혀를 감미롭게 감싸도는 느낌.
마음속에 눈이 내리면, 창밖은 어느새 겨울이다.

배 조림

재료

레드와인 375 ml(약 반 병 분량)　　정향 4개
배 2개　　팔각 1개
설탕 1/2컵　　시나몬 스틱 1개
오렌지 1개　　식용 금가루(optional)
레몬 1개

만드는 법

1. 냄비에 와인과 설탕, 오렌지 껍질, 오렌지 주스, 레몬 주스를 넣고 중불로
   끓인다. 주걱으로 저어가며 설탕이 잘 녹는지 확인한다.
2. 끓이는 동안 배의 껍질을 벗기고 바닥 부분을 가로로 자른다. 이렇게 하면
   나중에 접시에 세워 서브할 수 있다.
3. 1이 충분히 끓으면, 준비한 배를 넣고 정향과 팔각, 시나몬 스틱을 넣는다.
   불을 중강으로 높이고 10분 끓인 뒤 중약불로 줄여 20분간 더 끓인다.
   중간중간 소스가 닿지 않는 부분에 소스를 부어서 색을 낸다. 상태를
   봐가며 배를 뒤집고 색이 골고루 드는지 확인한다.
4. 배가 다 익으면 냄비에서 꺼내 잠시 두고 한 김 식힌다. 시나몬 스틱과
   정향, 팔각, 오렌지 껍질은 체에 걸러 버린다.
5. 작은 냄비에 깨끗하게 거른 소스를 다시 넣고 시럽이 될 때까지 15~20분
   간 졸인다. 양이 반 정도로 줄고 끈적해지면 불을 끄고 5분 정도 식힌다.
6. 접시에 식힌 배와 바닐라 아이스크림을 함께 담는다. 식용 금가루가
   있다면 위에 살짝 뿌려도 좋다.

- 와인은 레드와인이 아무래도 연말 분위기가 나지만, 화이트와인을 사용해도 좋다.
  비싼 와인을 쓸 필요는 없다.
- 시판 주스가 아닌, 과일을 직접 짜서 쓰는 것을 추천한다.
- 향신료는 향이 잘 퍼지므로 레시피의 용량으로 충분하다. 많이 쓸 경우 씁쓸한 맛이
  날 수 있으니 주의.
- 일반 배로 해도 가능하지만 디저트라는 특성상 보다 달큰한 맛을 위해 돌배 혹은
  스위트 센세이션 품종 배를 추천한다.

뭉근한 위로

삿포로식 수프 카레

좋아하는 작가 알랭 드 보통은 저서 《사유 식탁》에서 '자기 자신을 돌보는 방법은 삶의 가장 위대한 기술로 대접받아야 마땅하다'고 말했다. 그러면서 스스로를 돌보는 일에 음식도 빼놓을 수 없다고 했다. 이는 평소 내가 요리를 중요시하는 이유를 명확하게 설명하는 문장이었다. 나는 나와 가족을 돌보는 가장 손쉽고 다정하며 즉각적인 방법이 바로 요리라고 생각한다. 그러니까 내가 누군가를 위해 요리를 한다는 건, '너를 진심으로 생각하고 있어'라는 애정 어린 마음의 표현이다. 음식은 우리를 둘러싼 골치 아픈 문제들을 직접적으로 해결해주지는 못하지만 적어도 든든한 한 끼의 에너지를 준다. 맛있는 음식은 '다 괜찮아질 거야'라는 대책 없는 희망은 아니어도, '다시 해볼까' 혹은 '먹고 생각해보자' 같은 두둑한 심적 여유와 힘을 부여한다. 특별히 내게 그런 음식이 있다면 카레다.

일본에 살면서 무수히 많은 카레를 먹었다. 도쿄에는 한 집 건너 한 집쯤 점심을 카레로 내놓는 음식점이 있을 정도니까 된장찌개를 먹듯 카레를 먹었다고 해도 과장은 아닐 것이다. 어느 통계에 따르면 일본인은 한 달에 세 번 이상 카레를 먹는다고 한다. 우리에게 소울푸드가 김치찌개라면, 일본인에게는 카레가 그런 존재인 것. 게다가 일본에서 접할 수 있는 카레의 스펙트럼이 매우 넓고도 깊다는 점이 내가 카레를 자주 먹게 되는 이유이기도 했다. 일본식은 물론이고 인도와 네팔, 스리랑카, 태국 등 다양한 스타일의 카레를 접할 수 있었으니 말이다. 나는 집 안이 더 추운 일본의 겨울을 나기 위해 카레를 자주 먹곤 했다. 먹는 즉시 몸과 마음을 뜨끈하게 덥혀주는 카레는 겨우내 든든한 영혼의 이불이 되어주었다. 매운맛 안에 여러 가지 맛이 복잡하게 터져 나오는 이 오묘한 한 그릇에 일종의 내적 친밀감을 가졌달까. 카레에 대한 나의 애착과 자부심이야말로 카레와 내가 쌓아 온 오랜 관계의 깊이를 대변하는 듯하다.

카레를 먹자마자 체온이 오르는 이유는 카레의 주재료인 향신료 덕분이다. 카레에 들어가는 향신료는 음식점마다 혹은 집집마다 제각기 다른 기술과 비법으로 조합하기에, 어디를 가든 '다 알지만 다른 맛'의 스펙트럼이 생성된다. 바로 이 지점에서 카레에 질리지 않는 무한한 매력이 부여된다. 물론 일본 식료품점에 가면 다양한 맛과 향의 카레 루를 팔고 있으므로 고기와 채소 등 원하는 식재료만 준비되면 누구나 간편하게 만들 수 있는 음식이기도 하다.
도쿄에서 카레 성지로 유명한 진보초와 시모키타자와 지역을
줄기차게 탐험하던 나는 어느덧 나만의 카레 레시피를 연구하기
시작했다. 어느 날은 토마토와 향신료만으로, 또 어느 날은 일본식
카레 루와 향신료, 고기와 채소를 섞어서 만들었다. 그리고 언젠가
추운 겨울, 삿포로에서 잊을 수 없는 수프 카레를 만나고는
내가 지향해야 할 카레의 방향성을 잡게 되었다. 그것은 뜨겁고,
진하고, 풍미가 살아 있었으며, 혀끝으로 재료의 단맛과 매운맛이
힘겨루기를 하듯 치고 올라오는 맛이었다. 한 그릇을 비우고 나니
노천 온천을 막 즐긴 직후처럼 온몸에 후끈한 기운이 가득 찼다.
카레라는 두터운 갑옷을 입고 홋카이도의 매서운 눈보라 앞에 서니
전혀 두렵지가 않았다. 무엇이든 한 발짝 더 용기를 낼 수 있을 것
같은 기분. 쉽지 않은 눈앞의 세상이 한 뼘 더 너그럽고 여유롭게
보였다. '이것이 음식의 힘이로구나!' 뿌듯한 마음으로 눈 쌓인
거리를 저벅저벅 씩씩하게 걸었던 그날의 밤을 기억한다.

그후로 겨울마다 체온을 가장 빨리 올리고 싶을 때, 영혼에 진득한
위로가 필요할 때, 이 카레를 먹는다. 아 참, 친구들에게 대접할
음식으로도 삿포로식 수프 카레는 완벽하다. 장담하건대 숙취에는
이만한 묘약이 없다. 몇 해 전, 내가 해준 카레로 해장한 친구는
아직도 그 맛을 잊지 못하겠다고 말한다.

Recipe.

삿포로식 수프 카레(3~4인분)

재료

+닭다리 밑간
닭다리 5~6개(또는 닭다리살 200g)
카레 가루 1~2큰술
소금, 후추 약간
청주 1큰술

감자 1개
양파 1/2개
노란색, 빨간색 파프리카 각 1/2개
단호박 1/4개
브로콜리 1줌
당근 1/2개
연근 1줌
가지 1/2개
토마토 2개(큰 사이즈라면 1~1과 1/2개)
양배추 썬 것 1줌

다진 마늘 1작은술
다진 생강 1작은술
버터 1큰술
카레가루 4큰술 혹은 고형 카레 큐브 4개
가람 마살라 2작은술
코리앤더 1작은술
쿠민 1/2작은술
칠리 파우더 약간
케첩 혹은 토마토 퓨레 3큰술
바질 잎 4장(혹은 바질 가루 1작은술)
다시물 300ml(다시마, 멸치, 가츠오부시 등의
　육수)
치킨스톡 400ml
간장 1큰술
소금, 후추 약간

로즈메리 잎(장식용)
곁들일 쌀밥 적당량

만드는 법

1. 닭다리살에 칼집을 내고 카레가루와 소금, 후추, 청주를 더해 15분 정도
    밑간을 해둔다.

2. 준비한 채소를 적당한 크기로 썬다.

3. 프라이팬에 식용유를 두른 후 1을 넣고 중약불로 노릇하게 굽는다.

4. 다른 냄비에 버터를 두르고 양파가 투명해질 때까지 중불에 볶는다.

5. 4에 다진 마늘과 생강을 넣고 볶는다.

6. 이어서 토마토를 넣고, 수분이 날아가듯이 볶는다.

7. 카레가루와 가람 마살라*, 코리앤더, 쿠민, 칠리 파우더, 케첩, 바질을
    차례로 넣고 볶는다.

* 가람 마살라는 계피, 육두구, 정향, 쿠민이 중심이 되는 인도의 대표적인 혼합 향신료.

8. 7에 다시물과 치킨스톡을 붓고 구운 닭다리살을 더해 중약불에 최소
    30분~1시간 정도 뭉근하게 끓인다.

9. 부족한 간은 간장, 소금, 후추로 간한다. 마지막에 양배추를 넣어 단맛을
    더한다.

10. 카레를 끓이는 동안 2의 채소를 소금, 후추로 가볍게 간한 후 별도의
    프라이팬에 튀기듯 굽거나, 오븐에 노릇해질 때까지 굽는다.

11. 속이 깊은 그릇에 수프 카레를 담고, 위에 색색의 구운 채소를 얹은 후
    로즈메리로 장식한다. 따뜻할 때 밥과 함께 낸다.

- 채소는 먹고 싶은 것들 위주로 가감해도 된다.
- 채소를 별도의 프라이팬이나 오븐에 굽지 않고, 카레를 끓일 때 함께 넣어 익혀도
  무방하다.
- 치킨 스톡의 경우, 채수에 고형 치킨 스톡 1개를 넣어서 만들어도 좋다. 치킨 스톡의
  양은 카레 농도에 따라 늘릴 수 있다.
- 향신료는 맛과 향, 재료의 질감을 증폭시키는 첨가물이지 혼자 돋보이는 존재가
  되어서는 안 된다. 많이 넣으면 오히려 맛을 해칠 수 있으니 주의할 것.
- 재료가 냄비 바닥에 눌어붙지 않게 중간중간 저어준다.
- 카레는 요리한 직후보다 다음 날, 아니 다다음 날이 가장 맛있다.

맛의 세계 지도

문화인류학자 이시게 나오미치의 《동아시아의 식의 문화》에서는
조미료와 약미를 바탕으로 한 전 세계의 '맛의 세계'를 8가지로
분류하고 있다.* 크게 4대 요리권을 중심으로 한 세계 지도는 다음과
같다.

1. 장(醬)문화권: 중국, 한국, 일본을 중심으로 한 동아시아
곡물, 콩 등을 원료로 하는 장이 기본적인 조미료. 생강, 후추, 마늘,
참깨 등이 약미로 사용된다.
2. 카레 문화권: 인도 세계
복합 조미료인 카레와 소의 유지인 기(ghee)가 기본적인 조미료. 강황,
후추, 생강, 카다멈, 씨앗류, 참깨가 약미로 사용된다.
3. 강렬한 향신료 문화권: 페르시아(이란), 아랍, 튀르키예 등의 서아시아
양고기를 주요 식재로 하고 고추, 후추, 클로브, 시나몬, 카다멈, 생강,
마늘 등 강렬한 향신료가 이용된다.
4. 허브와 향신료 문화권: 유럽
고기 요리가 많아 허브나 후추, 클로브 등의 향신료, 씨앗류, 올리브,
사프란 등이 이용된다.

재미있는 점은 4대 요리권의 주요 조미료와 향신료, 즉 생강, 후추,
마늘, 강황, 고추, 허브류를 모두 조합하면 카레(혹은 커리)가 된다는
사실이다. 실제로 세계적으로 기후와 풍토에 맞게 발전된 다양한
종류의 카레가 있다는 건, 카레가 얼마나 범세계적인 음식인지를
단적으로 드러내는 증거가 아닐까.

*《처음 읽는 맛의 세계사》 미야자키 마사카츠 저, 오정화 역, 탐나는책, 2022

한겨울 붉은빛

동지 팥죽

온 국민이 충격과 혼란 속에서 연말을 맞이하고 있다. 요동치는 정국
속에서 경제는 곤두박질쳤고, 여기저기서 힘들다는 곡소리가 절로
나온다. 분노와 걱정, 근심으로 잠을 설친 날도 많았다. 벼랑 끝에
서 있던 나라를 되살린 건 자신이 가진 가장 밝은 빛, 응원봉을
들고 나온 10~20대들이었다. 웃을 수만은 없는 사실이지만 우리는
위기에 누구보다 강한 민족. 어둠 속에서 희미한 빛을 찾은 지금,
올해는 그 어느 때보다 경건한 마음으로 팥죽을 쑨다.

내일은 동지(冬至)다. 1년 24절기 중 밤의 길이가 가장 길고 낮의
길이가 가장 짧은 날. 추위는 이 무렵부터 점차 거세지기 시작한다.
하지만 이날을 넘기면 다시 밤은 조금씩 짧아지고 낮은 길어질

것이다. 다시 말하면 음의 기운에 휩싸인 만물에 양의 기운이
드리우기 시작한다는 얘기다. 우리 조상들은 동짓날 어린 나이에
죽음을 맞이한 아이가 악귀가 되어 찾아온다고 믿었다. 그래서
귀신을 쫓아내기 위해 아이가 생전에 무서워했던 팥으로 죽을
끓여 먹었다. 팥의 붉은색이 귀신이나 악귀, 액운을 물리친다고
여겼기 때문이다. 그렇게 팥죽은 부정적인 기운을 몰아내고 건강과
행복을 비는 조상들의 소박한 지혜이자 염원의 상징이 됐다. 실제로
팥은 독소, 노폐물을 배출하고 붓기 완화에 도움을 주며 체온을
높여준다고 알려져 있다.

고려 시대에는 동지를 새해처럼 축하하며-'작은 설'이라 했다-
조정에서 신하들에게 하례를 받는 의식이 거행되었다고 한다.
'동짓날은 만물이 회생하는 날'이라 하여 살생도 금했다고. 조선
시대에는 책력*을 발행해 나누고 가난한 백성의 빚을 탕감해주기도
했다. 지금은 '동지=팥죽'이라 단순히 생각하지만 실은 역사,
문화적으로도 중요한 날이었던 셈이다. 동짓날 한 해를 정리하고
새로운 시작을 축복하는 의미로 팥죽을 나눠 먹었던 의식은 여전히
귀하고 낭만적으로 느껴진다.

일본에서도 겨울이 되면 팥죽을 즐겨 먹곤 했다. 일본의 팥죽은
'젠자이' 혹은 '시루코'라 불리는데, 지방에 따라 부르는 방식이
다르다. 우리나라와 만드는 방법은 크게 다르지 않지만 일본의 경우
팥을 삶을 때부터 설탕을 넣어 달달하게 만든다. 심심한 젠자이를

* 해와 달의 운행에 따라 1년 12개월의 날짜와 24절기 등을 적어 놓은 책 형태의 달력.
(한국민족문화대백과)

만들어 놓고 슈퍼에 파는 직사각형 모찌를 사다가 구워 올려먹던
나는, 어릴 때 엄마와 처음 갔던 삼청동의 '서울서 둘째로 잘하는
집'의 구수한 팥죽을 남몰래 그리워하곤 했다. 그 가게 앞을 지날
때면 나던 시나몬 향도 함께.

팥죽을 만들 때는 손에 힘을 빼고 욕심을 버려야 한다. 의외로
고되고 시간이 많이 걸리기 때문에, '언젠가는 되겠지' 하는
마음으로 임한다. 들어가는 재료는 오로지 팥밖에 없어서, 팥만
믿어야 한다. 건강한 팥을 한 알 한 알을 고르는 일부터 팥물을
내기까지, 부엌에서 거진 1시간 반 이상을 팥만 다루기 때문에 어느
순간 팥과 소곤소곤 대화를 나누는 기분마저 든다.
먼저, 깨끗하고 좋은 팥알만 골라 애벌로 짧게 삶은 후 남은
물은 버린다. 그리고 다시 냄비에 넉넉한 양의 물을 올리고 1시간
이상 '세월아 네월아' 팥을 끓인다. 시간이 얼마나 흘렀을까, 냄비
속 바다에서 춤을 추고 있는 팥들은 조금씩 견고한 껍질을 벗고
속살을 보여주기 시작한다. 냄비를 들여다 보면 어느새 붉게 물든
바다. 뽀얀 국물 뒤로 자신을 완전히 내려놓은 팥 알갱이들이
숨쉬고 있다. 세상에서 가장 긴 밤을 잠재우듯 평온한 그 모습을
보고 있자면 움츠러들었던 마음이 함께 풀어진다. 타인에게 쉽게
내보일 수 없던 욕망, 후회, 자기 모순 그리고 세상을 향한 노여움
같은 못난 마음이 팥 속으로 흐느적거리며 사그러드는 기분이 든다.
그러다 보면 지독한 겨울밤의 냉기도, 깊은 마음의 어둠도 함께

유순해진다.

김이 모락모락 피어오르는 팥죽에는 설탕 대신 소금을 더한다.
어쭙잖은 단맛으로 팥의 진정성을 해치고 싶지 않아서다. 이대로도
달콤하고 녹진한 국물에는 배달 음식에서는 결코 느낄 수 없는,
나의 진심이 들어 있다. 동글동글 한입 크기로 빚은 새알심 속에는
하얀 눈덩이를 굴리던 어린 시절의 내가 있다.

동지 팥죽이 주는 지혜는 겨울에는 끝이 있다는 것이다. 길고 긴 이
밤을 지나면 이윽고 태양이 부활할 것이다. 그러니 냉혹한 계절을
이겨내는 최선의 방법은 단 하나, 빛의 시간을 믿는 것. 나는 팥죽을
쑤며 마음속 붉은빛을 밝힌다. 내 손으로 여는 한 해의 마지막
축제다.

Recipe.

동지 팥죽

재료

팥 250g
물 2L(팥 삶는 용)
소금 약간

+새알심

찹쌀가루 1컵
소금 약간
뜨거운 물 2~3큰술

만드는 법

1. 냄비에 물과 소금을 넣고 팔팔 끓인 후 팥을 넣고, 1분 정도 데친 뒤 체에
   받쳐 거른다. 첫 물은 버리고 냄비에 2L의 물을 채운다.
2. 물에 데친 팥을 넣고 중강불에서 1시간 반 정도 삶는다. 끓으면 냄비
   뚜껑을 조금 열고, 중약불로 천천히 삶는다.
3. 팥이 끓는 동안 별도의 바트를 준비하고 찹쌀가루, 소금, 뜨거운 물을
   섞어 익반죽한다. 뜨거운 물은 조금씩 나눠가면서 섞는다. 부족하면 조금
   더 넣는다.
4. 3에 랩을 씌워서 10분 정도 숙성한 후 가늘고 길게 빚는다. 적당한 크기로
   잘라 손에서 굴려가며 먹기 좋은 크기로 동그란 새알심을 만든다.
5. 2의 팥이 잘 익었는지, 손으로 눌러서 잘 으깨지는지 확인한 다음 한 김
   식힌다. 팥을 믹서에 갈아준 뒤 체에 받쳐 곱게 내린다.
6. 냄비에 다시 5를 넣고 끓어오르면 거품을 걷어낸다. 소금을 넣어 간한다.
7. 먹기 전 새알심을 넣고 2~3분 정도 끓인다.
8. 새알심이 떠오르면 한소끔 더 끓인 뒤 그릇에 담아 낸다.

• 팥은 미리 3~4시간 불려주어도 좋다.
• 팥은 아리고 떫은 맛, 독성을 빼기 위해 애벌로 삶는데, 첫 물은 반드시 버리도록 한다.
• 팥을 삶는 마지막 단계에서 찹쌀가루(50g)에 물 반 컵 정도를 섞은 찹쌀물을 넣어
  농도를 맞춰도 된다.
• 6번의 단계에서는 서서히 끓여야 냄비에 눌지 않고 팥죽 색이 곱게 난다. 중간중간 잘
  저어준다.
• 쌀죽을 넣어 식사로 먹어도 좋다.

크렘 브륄레가
어때서

나는 '빵순이'보다는 오히려 '디저트순이'에 가깝다. 맛있는 음식을
먹고 입가심으로 디저트에 커피 한 잔을 마실 때 순도 높은 행복을
느낀다. 디저트를 입안에 담는 행위 자체가 짜릿하고 근사한 삶의
일탈이다. '길티 플레저(guilty pleasure)'라는 말이 있지만 디저트를
먹는 순간만큼은 우리 모두 '길트-프리 플레저(guilt-free pleasure)'를
느껴야 한다고 생각한다. 그런 소소한 즐거움도 없이 어떻게
이 지리멸렬한 삶을 견딜 수 있을까. 물론 '과하게 많이 먹지만
않는다면'이라는 어려운 대전제가 붙기는 하지만.

디저트 중에서도 홈메이드 디저트를 좋아하게 된 것은 중고등학교
때부터였던 것 같다. 홍콩에 살았던 시절, 엄마는 집에서 블루베리

치즈케이크와 피칸파이를 줄기차게—솔직히 질리도록—만들어줬다. 학교에 갔다가 집에 돌아오면 베이킹 냄새가 작은 집 안을 가득 채웠던 기억이 난다. 어릴 때 하도 많이 먹어서 지금은 더이상 웬만한 치즈케이크나 피칸파이는 입에 대지 않는다. 그 어떤 디저트숍에서도 엄마가 만든 것처럼 재료를 아끼지 않은 걸 찾을 수 없거니와 맛도 엄마 것보다 덜하니까. (요즘도 가끔 연말이 되면 엄마는 치즈케이크를 굽는다.) 정성과 시간이 소요되는 케이크와 파이도 좋아했지만, 사실 내가 길티 플레저일지언정—몸에 좋은 점 하나 없으니—낄낄거리며 즐겨 먹었던 것은 젤로(JELLO)였다. 색소가 잔뜩 포함된 젤라틴가루 믹스를 물에 넣고 굳히면 되는 이 단순한 불량식품 같은 맛의 젤리 디저트가 그땐 뭐 그리도 좋았는지. 당시 달덩이처럼 포동포동했던 내 얼굴의 지분 50퍼센트 정도는 젤로와 치즈케이크, 맥도날드 더블 치즈버거 세트에 있으리라.

대학생이 된 이후로 엄마는 젤로를 더이상 만들지 않았고, 자연히 우리도 그것을 먹을 일이 없게 됐다. 그리고 바깥 세상에는 젤로보다 훨씬 다양하고 맛있는 디저트가 가득하다는 것도 알게 됐다. 그러던 어느 날 우연히 본 〈내 남자친구의 결혼식〉이란 영화에서 추억의 젤로 이야기를 만났는데, 이와 함께 언급된 어느 디저트가 무척 궁금해졌다. 크렘 브릴레*였다. 그 영화에서 줄리아 로버츠는 "크렘 브릴레는 젤로가 될 수 없어."라는 명대사를 말하는데, 이를 듣는 순간 내가 잘 아는 젤로보다 이름도 어려운

* 차가운 크림 커스터드 위에 유리처럼 얇고 파삭한 캐러멜 토핑을 얹어내는 프랑스식 디저트.

크렘 브륄레 쪽이 더욱 신경이 쓰였다. 지금 찾아봐도 줄리아
로버츠의 그 공기 반 소리 반의 꿀렁한 발음은 정말로 근사하다.
"크렘 브륄레!"
많은 세월이 흘렀고, 지금의 나는 젤로보다 크렘 브륄레를 더
좋아하는 어른이 됐다. 다만 극중 대사를 빌려 후자가 더 '아름답고
짜증날 정도로 완벽해서'가 아니다. 그저 맛있고, 달걀 본연의 맛에
충실하며, 클래식한 디저트 메뉴이기 때문이다. 무엇보다 팬시한
레스토랑 뿐만 아니라 집에서 쉽게 만들 수 있다는 걸 깨닫게 된
후로 이 디저트가 더 좋아졌다.

코로나 시기, 로빈슨 크루소처럼 도쿄라는 섬에 갇힌 신세가 됐을
때 긴긴 밤을 보낼 요량으로 크렘 브륄레를 처음 만들었다. (그때는
가내수공업으로 옷이라도 만들 기세였다.) 그런데 어라, 이렇게 쉬운 거였어?
레시피가 황망할 만큼 간단했다. 그 이후로 친구들이 놀러 오면
곧잘 만드는 단골 메뉴가 됐다. 이제는 레스토랑에 가면 크렘
브륄레 대신 다른 디저트를 시키곤 한다. 집에서도 충분히 맛있는
버전의 크렘 브륄레를 만들 수 있게 됐으니까.
솔직히 크렘 브륄레는 오해 받기 쉬운 디저트다. 만들기 전에는
괜히 어렵고 고고해 보이는데 막상 해보면 이토록 간단할 수가
없다. 화려하고 센 언니처럼 보이지만 친해지고 나면 한없이 여린
우리 주변의 누군가처럼, 숟가락으로 딱딱해 보이는 겉면을 톡톡
깨트려주면 달걀찜만큼이나 보드라운 자신의 속살을 보여준다.

겉바속촉이다. 그러니 크렘 브릴레를 근사한 겉모습으로만 평가하지 말기를 당부한다. 먹다 보면 캐러멜 토핑의 쌉쌀한 맛과 보들보들한 커스터드 크림의 식감, 여기에 향긋한 바닐라 향이 슬쩍 풍기는 오묘한 조화는 화가 난 마음을 녹이기에도 충분하다. 그렇기에 〈리틀 포레스트〉의 주인공도 성난 친구에게 줄 요량으로 마롱 크렘 브릴레*를 만들지 않았을까.

사람도 음식도 그렇지만 나는 디저트 역시 클래식한 것을 편애한다. 큰 기교나 장식을 더하지 않고 재료 본연의 맛을 충실히 돋보이게 내는 정통 스타일을 좋아한다. 디저트 하면 티라미수 혹은 크렘 브릴레라는 공식이 생긴 것은 그러한 까닭이다. 오늘은 나 자신을 위해 크렘 브릴레를 만들어야지. 페어링 할 술로는 위스키가 잘 어울리겠다. 위스키의 달콤하고도 스파이시한 향과 크렘 브릴레의 부드러운 질감, 달콤쌉싸름한 캐러멜 향이 이 계절의 풍미를 한껏 깊고 그윽하게 만들어줄 것이다.

크렘 브릴레는 마치 꽁꽁 언 호수를 깨트리는 것 같은 묘한 쾌감을 준다. 그 투명한 얼음 조각 속에 숨은 달콤한 출구. 그래서 어쩐지 추운 겨울에 더 잘 어울리는 디저트가 아닐까 생각한다.

* 영화에서 등장하는 마롱 크렘 브릴레는 푸딩 아래에 조린 밤을 넣어 만들었다.

크렘 브륄레

재료

달걀 노른자 5개
우유 200ml
생크림 200ml
설탕 65g

바닐라 엑스트랙 혹은 바닐라 빈 약간
소금 약간
별도의 토치용 설탕 조금

만드는 법

1. 큰 볼에 달걀 노른자와 설탕을 넣고 거품기로 잘 풀어준다.
2. 별도의 냄비에 생크림과 우유, 바닐라 엑스트랙, 소금을 넣고 따뜻할 정도로 데운 후 노른자와 잘 섞어준다.
3. 체에 한번 거른 후 오븐용 용기에 나누어 담는다.
4. 오븐용 팬이나 큰 내열 용기에 물을 반 정도 채우고 그 안에 3을 넣는다.
5. 160도로 예열한 오븐에 20~30분 정도 굽는다. 먼저 20분 구워보고 부족하면 10분을 더 구워낸다.
6. 표면이 노르스름하게 되는지 잘 살피고 꺼낸다.
7. 냉장고에 넣어 2~3시간 동안 충분히 식힌 후 꺼내어 표면에 토치용 설탕을 뿌리고 토치로 그을려 서브한다.

• 과정 2의 데우기 정도는 냄비 가장자리에 거품이 올라오기 시작할 때쯤 바로 불을 끄면 된다.

꼬리곰탕과
포토푀

일본에 살 때 빈티지나 앤티크 마켓을 자주 찾아다니곤 했는데,
가장 흔하게 눈에 띄었던 것이 프랑스 식기와 우리나라 조선
시대 기물이었다. 도쿄에서 한국의 과거를 일상적으로 만나다니
놀라운 일이었다. 갖가지 목공예품, 제사상에 올리는 제기, 보자기,
소반…. '우리 것이 여기 다 있네!' 하고 반가운 마음에 집어 들면
가격이 생각보다 비쌌다. 과거 조상들이 쓰던 일상 식기의 뛰어남과
소중함을 우리보다 그들이 더 잘 안다는 사실에 내심 부끄럽기도
했다. 그곳에서 내가 구입한 건 놋숟가락이다. 보통 메인 요리를
더는 서브용으로 즐겨 사용한다.
생각해보면 일본에서는 숟가락을 잘 쓰지 않는다. 예로부터 끈기가
많은 쌀이 재배되었던 터라 밥을 먹을 때 숟가락 대신 젓가락을

즐겨 사용했다고 한다. 반면에 우리나라는 국, 탕, 찌개, 전골
요리처럼 국물 요리가 많은 데다 밥과 국, 마른 반찬과 국물 반찬
등으로 구성된 한식 고유의 상차림으로 인해 숟가락이 필수다. 그런
의미에서 '너 그러면 국물도 없어!'라는 문장은 굉장히 한국적인
표현이다. 돌아오는 몫이나 이득이 없다는 말을 할 때 쓰는 이
표현은 한국인의 음식 문화에 국물이 차지하는 비중을 단적으로
보여주는 것 같다.

일본의 겨울, 유니클로의 내복을 집에서도 챙겨 입던 우리 부부는
어느 날 몸을 따듯하게 덥혀줄 묘안을 생각해냈다. "꼬리곰탕을
끓이자!" 추운 겨울, 뜨끈한 국물이 당긴다는 건 영락없는
한국인이라는 증거. 신오쿠보의 한인마트에서 소꼬리를 사다가 속
깊은 냄비에 물을 넣고 팔팔 끓였다. 해외 살이란 당연했던 것들이
당연하지 않게 되는 순간의 연속이다. 흔하디 흔한 곰탕 집에서
한 그릇 뚝딱 하고 들어오면 그만이었던 서울 생활과는 달리,
해외에서는 대체로 포기하거나 혹은 직접 하거나 둘 중 하나다.
꼬리곰탕은 하루를 훌쩍 넘겨야 비로소 완성되는 맛이다. 어렵지는
않지만 지난한 과정이 수반된다. 그때 나는 시간과 정성이 깃든,
정직하고도 지긋한 것들에 눈을 떴을까. 조리 과정에는 별다른
양념이 첨가되지 않는다. 단 소고기와 소뼈 본연의 구수한 국물을
끌어내기 위해서는 원재료가 좋아야 한다.

뜨끈하고 담백하면서 삼삼한 고기국물에 밥 한 그릇을 먹고 나면 속이 든든해진다. 그러면서도 편안하다. 꼬리곰탕은 솥처럼 큰 냄비에 끓이기에, 혼자보다는 여럿이 나눠 먹을 때 그 의미가 깊어진다. 며칠 전 부모님 집에도 갖다 드렸더니 "먹어본 것 중 최고로 맛있는 꼬리곰탕"이라는 찬사가 돌아왔다. 평소 칭찬에 인색한 아빠가 해준, 근래에 가장 듣기 좋은 말이었다. 엄마는 믿을 수 없다는 듯 되물었다. "이거 네가 끓인 거 맞아?" 내 곰탕이 정말 최고로 맛있었다는 걸 말하는 게 아니다. 부모님은 번거로운 꼬리곰탕을 손수 끓여 대접할 줄 아는 막내딸의 노력이 기특했을 것이다. 이는 곰탕에는 찌개나 국을 넘어 한 단계 더 높은 차원의 지위가 있다는 걸 암묵적으로 인정한다는 의미이기도 하다. (실제로 '탕'은 국의 높임말이었다.) 오로지 꼬리와 잡뼈가 물과 불을 만나 완성되는 음식. 기교나 장식이 아닌, '기다림'이라는 순수한 마음이 주재료인 요리. 어쩌면 그래서 현대의 바쁜 가정에서 하기엔 엄두가 잘 나지 않는 음식일지도 모른다.

얼마 전 안동의 도산서원에 갔다가 서당 바로 옆에 작고 귀여운 부엌이 딸려 있는 것을 발견했다. 중심에는 역시나 가마솥이 놓여 있었다. 이 서당은 퇴계 이황 선생님이 직접 설계했다는데, 선생님도 교육만큼 먹는 걸 중요하게 생각했을까 싶어 빙그레 웃음이 났다. 공부를 하고 있으면 바로 옆방에서 긴 시간 고고하게 끓인 국과 탕 냄새가 솔솔 풍겼을 텐데, 제자들은 집중이 됐으려나. 공간을

기웃대다가 문득 칼처럼 시린 겨울 바람이 코끝을 스치자 뜨끈한
국물이 당겼다. 과연 우리는 영락없는 토종 한국인이었다.

한국에 꼬리곰탕이 있다면, 프랑스에는 포토푀(pot-au-feu)*가 있다.
'불 위에 올려진 냄비(pot on the fire)'라는 의미의 이 음식을 난생
처음 먹었던 것은 2023년 2월, 피크닉(piknic)에서 열린 프랑수아
알라르 작가님 전시 준비를 위해 출장차 프랑스 아를에 방문했을
때였다. 대부분의 사람들이 스키 여행을 떠나고 상점 문이 굳게
닫혀 있던 황량한 겨울, 작가님은 우리 팀에게 이틀 내내 정성 어린
프랑스 가정식을 대접해주었다. 미팅 둘째 날 나온 점심 메뉴는 맑은
국물에 큼직하게 썬 각종 채소를 넣고 오래 끓인 스튜였는데, 한입
뜨자마자 내 동공이 두 배쯤 커졌다. 한국의 곰탕과 같은 요리가
프랑스에도 있었단 말인가! 포토푀였다. 맑으면서 깊고도 시원한 맛.
이 맛을 어떻게 표현할 수 있을까. 국물의 맛을 천천히 음미하고
있자니 일하느라 잔뜩 긴장했던 몸과 마음의 피로가 단번에 스르르
녹아내리는 기분이 들었다.
"사 먹는 것도 좋지만, 우리가 집에서 일하고 해 먹는 평범한 하루를
같이 경험해 보면 좋겠다 싶었어요." (실제로 작가님은 아를에 있는
시간, 집에 있는 스튜디오에서 일하며 직원들과 다같이 집밥을 해 먹는다고 했다.)
타지에서 온 이방인들을 향한 작가님의 배려와 마음씨에 마음
깊이 감동했다. 우리의 꼬리곰탕과 비슷한 결을 가진 음식이 바다
건너 먼 나라에도 있다는 사실도 놀라웠지만, 가장 기억에 남았던

* 고기와 채소를 오랜 시간 뭉근하게 삶은 수프로 프랑스의 대표적 가정식이다.

건 좋은 사람들과 아주 보통의 하루를 공유한다는 것. 지극히
전통적인 로컬 보양식을 함께 뜨며 전달 받는 믿음과 신뢰, 연대의
감정이 이토록 따뜻하고, 감사한 것인지를 깨닫게 됐다.
나도 고마운 누군가에게 내 마음을 아끼지 말고 베풀어야지, 그때
다시금 결심했다. 원래 손님 초대를 좋아하긴 했지만, 방문하는
상대방의 취향과 계절, 날씨를 고려해 요리의 메뉴를 한번 더
고심하게 된 것은 알라르 작가님이 내게 준 예기치 않은 선물이다.
생각해보면 우리 삶은 지루하고 권태로운 일상으로 이루어져
있지만 그 안의 아주 잠깐, 스치듯 등장하는 반짝이는 무언가로
인해 다시 나아갈 힘을 얻는다. 그것을 알려주는 음식의 힘이란
작지만 크고 위대하다.

공기, 사발, 종지, 뚝배기… 건더기와 국물 문화가 골고루 발달한 만큼 한식
식탁을 차릴 때는 음식에 따른 다양한 모양의 그릇이 필요하다. 접시가
압도적으로 많은 서양 요리와는 대비되는 모습. 테이블 세팅을 하면서 우리만의
풍부하고도 다채로운 식문화를 더욱 깊게 이해하게 됐다.

허영만의 만화 〈식객〉에서는 곰탕과 설렁탕의 차이점을 이렇게 정리한다.
'설렁탕은 뼈 국물이고, 곰탕은 고기 국물이다.' 그래서 국물 색도 다르다. 이렇게
이해하면 쉽다.
소뼈를 끓인 설렁탕 ⇒ 국물이 뽀얗고 농후하다.
양지, 사태, 때때로 잡뼈를 함께 넣어 끓인 곰탕 ⇒ 국물이 맑다.
꼬리곰탕의 경우, 소의 꼬리와 골반 등의 부위 고기를 넣어 끓이는 곰탕이다.

엄마의 동치미와
나의 자세

"한국 음식은 맵잖아."라고 단정지어 말하는 외국인 친구들을 만날
때마다 나는 꼭 그렇지 않다고 대꾸하면서 동치미를 떠올렸다.
시원하고 톡 쏘는 맛. 가슴속 깊은 곳에서부터 속이 뻥 뚫리는 맛.
'니들이 이 맛을 알아?' 생각하면서. 동치미 맛과 비슷한 맛을 내는
요리를 다른 어느 나라에서도 아직 맛보지 못했다. 개인적으로
자랑스러운 한국의 맛을 생각하면 해외에도 잘 알려진 삼겹살이나
김밥, 불고기보다 동치미가 선두에 있어야 한다는 의견이지만,
동치미는 어쩐지 뒷짐 지고 먼 산 보듯 한 걸음 물러나 있다. 그것이
동치미의 자세다.

동치미의 시작을 이야기하려면 시간을 하염없이 되돌려야 한다.

무려 김치의 엄마 같은 존재이기 때문이다. 우리 조상들은 고춧가루가 들어오기 전—임진왜란 이후 고추가 들어오기 시작했다—주로 동치미와 백김치류를 먹었다고 한다. 그런데 동치미는 고리타분하거나 오래된 느낌을 주지 않는다. 어째서일까. 들어간 재료도 별로 없어 보이는데 깊고 심오하면서도 또렷한 맛과 비주얼을 갖고 있다. 보이지 않는 시간의 정성, 발효의 미학 덕분이다. 살얼음 동동 띄워진 뽀얀 국물과 무 조각은 보기만 해도 개운한 느낌을 준다. 이토록 심플한데 여전히 남녀노소 많은 사람들에게 사랑받을 수 있다는 것이 놀랍다. '영원한 모던'이란 게 있다면 바로 동치미를 두고 하는 말이리라. 동치미는 느끼한 명절 음식 시리즈 곁에 있는 듯 없는 듯 묵묵히, 투명하게 손짓할 뿐이다. '이것만 먹으면 상쾌해질 거야!' 그러면서도 식탁의 주인공이 될 생각은 없다. 나는 언제나 기꺼이 한발 비켜나 있는, 무심하기 짝이 없지만 알고 보면 누구보다 뒤끝 없고 시원시원한 동치미의 존재에 마음이 기울었다. 잊었는지 모르지만 소화제가 없었던 시절, 동치미는 선인들의 천연 소화제가 되어주기도 했다.

일본에 살던 때, 나는 생애 처음으로 동치미와 나박김치를 만들었다. 그곳의 달짝지근한 맛에 질리던 찰나였다. 어느 순간 불현듯 잊고 지낸 친구를 소환하듯 시원한 맛이 그리워졌다. 일본에는 없는 맛. (지금 생각해보면 그저 그곳에 없는 맛을 만들어내고 싶은 마음 혹은 반항이었는지도 모른다.) 특히 당시 가장 그리웠던 한국 음식은 냉면이었는데, 제대로 된 한국식 냉면을 하는 집이 도쿄에 없던 것이 가장 아쉬웠다.
그때 내가 고안한 방법은 전통 냉면 육수를 만드는 대신 가정에서
쉽게 할 수 있는 동치미를 만들어보자는 것. 한번 만들면 꽤 오래
먹을 수 있는 데다 동치미 국물에 국수는 언제든 말아서 먹을 수
있으니까, 곧바로 엄마에게 전화를 걸어 레시피를 받아 적었다. 내가
먹어본 동치미 중 가장 맛있는 건 엄마의 동치미였으니 그 맛을
최대한 재현해보리라 마음 먹었다. 엄마는 몇 가지 중요한 포인트를
짚어줬다.

1. 사과, 배, 양파는 반드시 갈아서 체에 내린 즙만 사용할 것.
   ⇒ 그래야 깨끗한 국물이 만들어진다. 탁해지면 비주얼로도
   별로다.
2. 국물의 염도는 꽤(?) 짭짤한 정도가 알맞다. ⇒ 자신의
   미각을 믿을 것.
3. 풀을 쑨 것을 사용한다. ⇒ 밀가루 풀도 괜찮지만, 찹쌀 풀이
   가장 좋다.
4. 실온에서 하루 보관하고, 며칠은 베란다 혹은 다용도실에 둘
   것. ⇒ 겨울철에 한정된 이야기다.
5. 생수를 사용할 것. ⇒ 미네랄이 풍부해 미생물 발효가
   잘된다.
6. 홍고추를 꼭 넣을 것. ⇒ 한국 음식에는 홍고추 혹은
   실고추의 존재가 매우 중요하다.

어느 정도의 소금이 적당할지, 홍고추는 어떻게 써는 게 예쁠지, 이 정도면 냉장고에 숙성해도 될지…. 생각해보면 6년의 타지 생활 동안 내가 익힌 건 대단한 '요리법'이 아니라 지금까지 먹어본 경험치를 기억해내고 미세한 감각의 기관들을 다시 일으켜 세워 나만의 음식으로 재창조해 내는 '감'이었다. 그리고 그 감은 결국 내가 보고, 먹고, 마시고, 만나며 보낸 과거의 기억에 온전히 기인한다는 사실을 깨닫게 됐다. 그런 의미에서 우리가 지나온 시간은 좋든 싫든 다 이유가 있는 것이었다. '당신이 먹는 것이 바로 당신이다(You are what you eat)'라는 얘기도 있지 않은가.

얼마 전 나는 겨울을 맞아 오랜만에 동치미를 담갔다. 무의 매운맛은 줄어들고 단맛이 풍부해지는 계절이니까. 그러고 보니 동치미의 동이 겨울 동(冬)이었더라. 이번에는 도쿄에서의 기억을 되살려봤다. 그때 아쉬웠던 점을 보완하고-얇은 체를 장만해 국물을 더 맑게 만들 수 있었다-뉴슈가를 소량 첨가해서 현재 내 입맛에 맞는 맛을 구현해보았다. 그래서 마음에 쏙 드는 맛을 찾았냐고? 아직 100퍼센트 완벽하다고 말하기는 어렵다. 그렇지만 집에 놀러오는 친구들에게 꽤나 자신 있게 내놓을 사이드디쉬 정도는 된다. 나의 동치미 맛 또한 경험치가 쌓일수록 더 나아질 것이 분명하다.

그 언제보다 뒤숭숭했던 2024년 연말을 보내며 나는 이 시간을

내 나름대로 통과해내는 방법을 터득했다. 일본에서 보냈던 긴
팬데믹 시절처럼, 어려울수록 최대한 말은 아끼고 대신 부엌에서
그 마음을 마음껏 발산한다. 최소한 내가 정직하게 만든 음식이
나의 가족과 친구들의 몸과 마음을 다잡아줄 수 있다는 사실만은
아니까. 작업은 번거롭고 과정은 길수록 좋다. 소중하고 좋은 것은
단번에 완성되는 법이 없다. 시간이 오래 걸린다. 다만 나는 그것을
귀찮아하지 않는다. 그것이 요리를 향한 나의 자세다.

국물에 담긴 무는 발효되면서 단맛이 더해져 서서히 깊은 맛이 난다. 우리가 할
일은 너무 들춰보지 않는 것. 기다려주는 것. 그러면 어느새 동치미는 천천히
자신의 역할을 준비한다. 그러고 보니 오늘은 '소한'이다. 대한보다 더 추운 절기라
했던가. 소한에 조상들이 먹었다던 동치미에 메밀국수를 말아 호로록 말아볼
테다. 몸에 화기가 쌓이는 시기에 속을 깨끗하게 정화시키는 동치미 국수로
한겨울의 갈증을 해소해 봐야겠다.

동치미

재료

무(작은 것) 1.5kg
물 2.4~2.5L
굵은 소금 2큰술
쪽파 5~6줄기
배 1/2개
사과 1/2개
편마늘 20조각
편생강 3~4조각

청양고추 3~4개
홍고추 2개
양파 1/2개
소금 적당량

+풀
밀가루 2큰술과 물 2컵 또는 찹쌀가루
    2큰술과 물 2컵

만드는 법

1. 무는 3cm 크기로 썰어서 굵은 소금을 넣고 약 20분간 절인다. (소금 양은 처음에 2큰술을 넣고 상태를 봐가며 조절해 넣는다.)

2. 물에 밀가루 혹은 찹쌀가루를 풀어 냄비에 넣고 바글바글 끓이고 풀을 만든다. 완성된 풀은 완전히 식힌다.

3. 쪽파를 5cm 크기로 크기로 썰고 홍고추, 청양고추도 어슷썰기한다. 마늘과 생강도 준비한다.

4. 분량의 배, 양파, 사과는 갈아서 체나 면보에 걸러 깨끗한 즙만 준비한다.

5. 무 절인 것*은 흐르는 물에 두어 번 깨끗이 씻은 후 미리 준비한 김치통에 담는다.

6. 5에 식힌 풀**과 4의 즙, 마늘과 생강을 넣고 무가 적당히 잠길 정도로 물을 붓는다.

7. 고명으로 넣을 쪽파, 홍고추, 청양고추를 넣고 소금을 넣어 간을 맞춘다. 짭짤한 농도가 되면 OK. 하루 이틀 후 간을 다시 보고 부족한 간은 소금으로 보충하면 된다.

8. (겨울철의 경우) 하루는 실온, 2~3일은 서늘한 베란다 혹은 다용도실에 둔다. 거품이 올라오면서 톡 쏘는 냄새가 나면 김치냉장고로 옮겨 일주일 정도 숙성한 후 먹는다.

* 무를 구부렸을 때 탄력 있게 살짝 휘어지면 된다. 맛을 보고 적당히 절여진 것을 확인할 것.
** 풀도 체에 거른 것을 부어 사용해야 깔끔한 국물을 만들 수 있다.

사쿠라 모찌와 로산진
그리고 요리의 길

얼마 전 도쿄에서 재회한 그녀의 손에 사쿠라 모찌 박스를
쥐어주었다. 6년 전 우리의 인연이 시작된 바로 그 디저트였다.
그녀는 일본에서 만난 나의 첫 일본 요리 선생님, 이구치 민이다.
오랜 시간 후지 TV를 비롯한 각종 매체의 푸드 스타일리스트로
활동했고, 현재는 한국의 참기름을 브랜딩해서 일본에서 판매하는
F&B 사업가로 어엿하게 성장했다. 우리의 첫 만남 즈음 선생님은
내게 사쿠라 모찌와 말차를 내주었다. 때는 3월 말, 작은 벚꽃
한 줄기가 모찌 옆에 놓여 있었다. 떡을 한입 베어 물자 봄의
새초롬하고 수줍은 향이 혀 안으로 천천히 스미는 느낌이었다. 아,
이것이 봄의 맛이로구나. 그 후 시간이 날 때마다 나는 선생님과
만나며 일본 요리를 배웠고 어느덧 우리는 서로에게 좋은 친구가

됐다. 그렇게 일본의 계절을 익혔다.

생각해 보면 그녀와 함께 요리한 시간들 속에서 나는 많은 것을
배웠던 것 같다. 일본 가정식 요리 레시피도 많이 알게 됐지만 사실
그게 전부는 아니다. 이를 테면 이런 것들.

'일본 요리는 향으로 시작된다. 미소국을 만들 때 미소를 맨 나중에
넣는 것은 맛도 맛이지만 향을 해치지 않기 위해서다.'
'와사비와 일본 반찬을 올려놓을 때는 많이 손대지 말라. 봉긋하게
산을 쌓듯이, 살며시 올려놓을 것.'
'칼질을 할 때는 손에 힘을 빼야 한다. 특히 회를 뜰 때는 한 번에,
단칼에 주저없이.'
'가장 어려운 것은 달걀 요리다. 달걀말이는 무조건 약불에, 기름은
있는 듯 없는 듯 부쳐야 한다. 프라이팬에 기름을 소량 두르고
키친타월을 접어 닦아준다. 딱 그 정도라야 깨끗하게 부쳐진다.
달걀을 풀 때는 젓가락을 직각으로 세워서 재빨리 푼다. 그러면
깔끔하게 풀어진다.'

그녀에게 배운 열거하기 힘들 만큼의 소소한 팁들은 내가 식재료를
만지고 준비할 때마다 조용히 다가와 도움을 준다. 마치 선생님과
내가 함께 요리를 하고 있는 듯한 느낌이다.
하지만 그녀에게 가장 인상 깊었던 점은 유용한 기술이나 지식보다

요리를 대하는 마음가짐이었다. 함께 슈퍼에 가서 재료를 고를
때 그녀는 하나하나 꼼꼼히 살피며 어떤 것이 신선한 것인지를
알려주었고, 집에 돌아오면 조금의 지체도 없이 재료를 깨끗이
손질하고 단정하게 정리했다. 그러다가 요리 중간중간 고개를
돌려보면 어느새 도마와 주변을 부지런히 닦고 있었다. 식탁 위에는
마치 갓 촬영을 앞두고 있는 것처럼 아름다운 식기들을 하나하나
고민하며 놓았다. 우리는 테이블을 세팅할 때 음식의 색과 모양,
전체 분위기에 따라 마치 그림을 그리듯 만들어 나갔는데, 그
식탁의 순간순간이 도쿄 생활의 즐거운 기억으로 남아 있다.
요리를 마치고 식탁에 앉기까지는 시간이 꽤 걸렸지만, 그때
나는 요리에서 가장 중요한 건 '사람의 진심'이라는 걸 배웠다.
대수롭지 않게 들리겠지만, 요리의 세계에서도 그 당연한 진리는
유효하고 중요하다. 집에 누군가를 초대하는 것은 결코 쉬운
일이 아니지만 그녀는 매번 친구들을 종종 불러 정성스레 지은
한상을 먹였다. 그것을 그다지 번거롭다고 여기지 않는 넉넉한
마음도 고마웠다. 그래서일까. 그녀가 뚝딱 만드는 요리는 언제나
맛있었고 또 더 맛있게 느껴졌다. 필라프, 양배추롤, 스키야키, 미소
마보나스, 츠쿠네 사사야끼…. 나는 그녀에게서 얼마나 많은 요리를
얻어먹었던가. 거기엔 그 요리를 내기까지 건너왔을 시간, 고심과
노력이 숨어 있었다. 그 길을 알기에 내게는 더욱 애틋한 추억이
되었다.

나의 또 다른 요리 스승은 기타오지 로산진(1883~1959)이다. 지금은
존재하지 않는 사람. 한 번도 만나보지 못한 사람. 그러나 그는 나의
요리에 지대한 영향을 끼쳤다. 아니 정확하게 말하면 요리를 대하는
태도라고 해야 할 것이다. 서예가이자 도예가, 요리인이었던 그는
일본의 근현대 요리를 예술의 영역으로 끌어올린, 일본 요리계의
전설로 불리운다. 가난한 어린 시절을 딛고 서예가로 이름을 처음
알린 로산진은 특유의 뛰어난 미각으로 요릿집 '호시가오카사료'를
창업하고 그릇까지 직접 제작해 자신의 요리에 활용했다. 나는
그가 펴낸 책들을 읽으며 당시의 삶을 떠올리곤 했다. 비록 고집
세고 투박하며 거침없는 언행 때문에 많은 이들의 질타를 받았던
그였지만, 나는 책을 통해 음식을 향한 그의 애정과 진심, 재료에
대한 신념과 철학에 마음 깊이 공감했다. 소위 미식가라며 식당의
음식을 손쉽게 평가하는 사람들, 기계처럼 요리하는 요리사들,
그리고 최근의 가벼운 SNS 요리 콘텐츠에 길들여진 사람들에게
그의 책을 꼭 한번 읽어보라고 권하고 싶다. 실제로 로산진이 쓴
책들은 많은 요리사들의 요리 교과서로 알려져 있기도 하다. 생전에
그는 요리 재료와 음식들, 일본 문화에 대한 자신의 생각을 많은
글로 남겼는데, 요리를 하다 매너리즘에 빠질 때면 그의 문구들을
곱씹곤 한다.

· 직업 요리사에게 의존하면 실력이 나아질 수 없다. 스스로
  식견을 쌓아 요리의 도를 펼치고 자신에게 맞는 영양식을

찾아 진정한 건강함을 추구해야 한다.

- 일상 요리는 주위에서 재료를 선택하고 요리를 맛보는 이를 감동시키는 진심을 담아 만들어야 한다.
- "사람으로 태어나 먹지 않는 이는 없으나 그 맛을 잘 아는 이는 드물다"고 한 맹자의 말씀처럼 맛을 진정으로 이해하고 즐거움으로 삼는 자는 많지 않다.
- 성실함과 친절한 마음만 있다면 개개인의 기호를 고려하여 합리적으로 요리할 수 있다.
- 음식 맛을 음미한다는 것은 근본적으로 그림을 감상하고 그 아름다움을 칭찬하는 일과 같다.
- 재료 본연의 맛을 지니고 있는 것을 손에 넣는다면 맛있는 요리는 이미 완성된 것이나 다름없다.
- 배부른 요리사는 미각이 둔해져서 섬세한 맛을 내기 어렵다. 되도록 공복 상태에서 좋은 요리를 만들 수 있다.

이외에도 그의 책을 읽다 보면 형식주의와 고급 요리에 빠진 일본 식문화, 겉만 번지르르한 요릿집 요리의 조리법에 날 선 비판을 서슴지 않아 깜짝깜짝 놀랄 때도 있지만 그의 소신 덕분에 나의 요리하는 자세를 바로잡게 된다. 무엇보다 그가 내게 알려준 귀한 가르침 중 하나는 요리란 재료 본연의 맛을 최대한 살려야 한다는 것이다. 재료의 본맛을 살리는 것은 일본 요리의 중요한 본질이기도 하지만, 실은 특정 나라에 국한시킬 수 없는 공통의 가치가 아닐까

한다. 또 그는 자연을 귀하게 여기고 이용할 수 있는 부분을 최대한
이용하는 것이 요리하는 이의 마음가짐이라 했다. 시간 날 때마다
남은 재료로 채수-나의 요리 베이스다-를 만들어둔다든가, 재료를
아까워하며 최대한 '냉털(냉장고 털이)' 요리에 활용하는 것, 웬만하면
껍질째-가장 좋은 영양은 껍질에 많다-요리하려고 노력하는 것은
모두 그의 가르침을 해석한 내 나름대로의 실천이다.

그는 도예 작가들의 작품을 모으고 요리와 함께 풀어내는 나의
창작 시간에 불을 지피기도 했다. 실제로 많은 책에서 로산진은
그릇을 '요리의 옷' 또는 '집'이라 강조한다. 요리의 격을 높이려면
제대로 된 그릇이 중요하다는 걸 깨달은 그는 조선과 중국에서
도자기를 연구했고-명나라 그릇이 중국 최고의 명품이라 말한다-
자신의 요릿집에 내는 그릇들을 전부 직접 만드는 걸 넘어 생의
마지막을 가마쿠라의 가마터에서 보내게 된다. 그는 내게 그릇의
품질도 중요하지만 크기와 깊이, 색채 등이 요리와 조화를 이뤄야
한다는 걸 알려주었다. 그릇은 음식을 담는 용기인 동시에 요리의
정취를 드러내는 옷인 까닭이다. 덕분에 나는 요리하기 전 언제나
마음속으로 밑그림을 그린다. 오늘 쓸 그릇들을 식탁에 펼쳐보고
요리와의 조화를 스케치해본다. 그릇의 브랜드가 중요하지 않은 건
그 때문이다. 내게는 전체 테이블의 풍경, 요리와 그릇의 균형이 더
중요하다. 기성 브랜드 제품, 작가의 작품, 빈티지와 앤티크가 모두
섞여 있는 나의 식탁이야말로 가장 자연스럽고, 또 가장 나다운

것이라고 믿는다.

여러 도자기를 모으고 쓰면서 깨닫게 된 건, 동아시아의 나라
가운데 일본에서 현대 도예가 특히 크게 발전한 이유 중에는 일본
고유의 식문화가 결정적인 영향을 미쳤다는 사실이다. 음식의 색,
모양, 담음새, 향기, 그릇을 잡는 느낌 등 단지 입뿐만 아니라 눈과
코, 귀, 손까지 만족시키는 아름다움을 중시하는 문화 덕분에
일본에서의 음식은 종합 예술로 여겨진다. 19세기 말 비엔나를
이끌었던 총체 예술 개념이 일본에서는 음식에 집약적으로 투영된
느낌이랄까. 물론 예술이라 해서 값비싼 미쉐린 음식점에서 먹는
음식만을 한정해 이야기하는 것은 아니다. 지극히 일상적인 가정
요리에도 이러한 종합적 감각이 사랑받고 중요시되었기 때문에
도예가도, 도예가의 작품을 지지하고 응원하는 일반인 소비자도
계속해서 자신의 미적 감각을 단련하고 진화해 왔던 것은 아닐까.
앞으로 나도 로산진처럼 내가 쓸 그릇들을 하나씩 천천히
만들어 가고 싶다. 작은 텃밭에서 재료를 기르는 즐거움과 정직한
수고로움도 배우고 싶다. 분수에 맞게 미식의 길을 적극적으로
탐구하고 싶다. 먹고 싶은 것들을 내 손으로 부지런히 만들어 나와
가족의 영양을 챙기는 심플한 기쁨을 누리려 한다. 그리고 그러한
삶을 사는 것이야말로 인생의 참맛을 알아가는 길이 아닐까 한다.

좋아하는 그릇들.

신혼 때 홍대 목공소에서 짠 그릇장은 함께한 지 벌써 14년째. 안에는 주로
좋아하는 유리 그릇을 모아놓았다.

사케 잔과 찻잔은 빈티지 바구니에 담아놓고 필요할 때마다 꺼내 쓴다.

군데군데 이가 나간 그릇과 촛대는 버리지 않고
킨츠기하여 사용한다. 깨졌기 때문에 더 아름다울 수
있다는 건 마음에도 위안과 용기를 북돋아준다.

그릇은 비슷한 컬러끼리 모아두면
찾기도 수월하고 관리할 때도 편하다.
깨끗이 씻어 키친 클로스로 닦은 후
잘 말려서 사용한다.

평소 요리뿐만 아니라 이케바나, 차, 도시, 공간, 문화 등 다양한 책을 읽으며
영감을 얻는 편이다.

레시피에 연연하는 편은 아니지만 여유 있을 때 조금씩 정리해놓는다.

국밥이라는 이름의
자기 효능감

"국밥이나 먹고 갈까?"라는 나의 말에 친구는 오늘도 볼멘소리를 했다. "넌 맨날 국밥만 먹재." 겨울, 아니 마음에 스산한 바람이 불 때는 언제나 국밥이 당긴다. 엄마 품처럼 포근한 맛이라서. 어느새 외국 사람들이 비빔밥이나 불고기를 넘어 이제 삼겹살, 떡볶이를 좋아하는 한국 음식으로 꼽는 시대가 도래했다. 하지만 누군가 내게 가장 한국적인 맛을 묻는다면? 나는 한치의 망설임도 없이 국밥을 말하겠다. 남녀노소 큰 호불호 없이 한 끼 든든하게 즐길 수 있는, 우리나라만의 맛이기 때문이다. 우리가 국에 밥을 말아먹기 시작한 건 무려 각자의 유아기 시절부터였으니까.

국밥은 사실 한반도에서 가장 오래된 외식 메뉴이기도 하다. (국수는 한국 전쟁 이후 미국의 구호품으로 밀가루가 들어오면서 대중화됐고 냉면도

100년이 채 되지 않았다.) 우리는 대체 언제부터 국밥을 먹기 시작했나.
기원은 명확하지 않지만 고기나 곡물을 끓여 먹는 형태는 삼국
시대부터, 본격적인 국밥 식사법은 조선 시대부터 시작됐다고 한다.
《조선왕조실록》에는 국밥의 전신이라 불리는 '갱'이라는 음식이
언급되기도 한다. 특히 조선 사람들은 밥을 유난히 많이 먹기로
유명했고, 제사에 '탕국'이 빠질 수 없었기에 식사할 때 어마어마한
양의 밥과 국을 반드시 함께 놓았다. 밥이 적으면 국에 밥을
말아 양을 두 배로 늘렸고, 김치 하나만 놓고도 푸짐하게 먹을 수
있었다. 주막이 발달했던 조선 후기에 대중화되기 시작한 국밥은
식민지 시기, 한국 전쟁, 경제 성장 시기를 거치며 가난한 자들과
노동자들의 주린 배를 채워주던 고마운 음식으로 자리잡았다.

국밥에는 서울 사람들이 즐겨먹던 설렁탕부터, 장국밥, 육개장,
순댓국, 돼지국밥, 콩나물국밥 등 다양한 버전이 있다. 흥미로운
점은 오늘날 점차 사라지는 백반집과는 달리 국밥은 어느 도시 어느
동네에 가더라도 여전히 존재한다는 거다. 골목 안에서 가장 흔하게
찾을 수 있는 음식이란 건 무엇을 의미하는 걸까. 아무리 먹어도
질리지 않는, 누구에게나 간편하고 든든한 음식이라는 뜻이 아닐까.
문턱이 낮기에 혼자 가서도 쓸쓸하지 않게 먹을 수 있다는 점도
좋다.

근래 먹었던 국밥 중 가장 기억에 남는 것은 작년 여름의 끝자락,
전남 구례 5일장 안에서 먹었던 '가마솥 소머리국밥'이었다.

〈주막〉《단원 풍속도첩》, 김홍도, 1745~1806, 국립중앙박물관

조선후기 대표적인 화가 김홍도의 그림에서도 주막에서 장국밥을 먹는 남자가
등장한다.

들어가는 입구에서부터 시선을 사로잡은 커다란 가마솥에서는
국물이 금방이라도 넘칠 듯 펄펄 끓고 있었다. 국내산 한우
머리뼈만을 사용해서 24시간 푹 우려냈다는 국밥은 과연 소문대로
진하고 깊지만 텁텁하지 않고 담백했다. 여기에 가벼운 고춧가루
양념을 더한 부추와 새우젓을 넣고 간을 맞추니 맛이 기가 막혔다.
먹을 때마다 '와! 미쳤다!' 하는 감탄사가 절로 흘러나왔다. 듬뿍
들어간 머릿고기도 쫄깃하고, 젓갈이 많이 들어간 전라도 특유의
김치도 매력적이었다. 우리 일행과 비슷한 시간에 들어온 한 무리의
경찰팀은 순찰차를 시장 가까이 대놓은 채 땀을 뻘뻘 흘리며
눈앞의 그릇을 비우고 있었다. 마지막엔 남은 깍두기 국물을 넣어
뻘겋게 먹었다.

그러고 보면 국밥은 먹는 방식도 참 다양하다. 국밥 메뉴에 따라
조금씩 다르지만 들깻가루, 새우젓, 양념장, 깍두기 국물 등을
더해서 자신의 취향에 맞게 스스로 제조할 수 있다는 게 재미있다.
나의 경우 새우젓과 소금만 넣어서 맑게 먹는 것을 좋아한다. 밥은
국에 다 말지 않고 조금씩 떠서 국에 살짝 적셔 먹는다. 국과 밥,
각각의 원형은 흔들지 않고 서로의 간격을 유지한 채 천천히 거리를
좁혀가는 방식을 취하는 것이다. 그래야 국물 맛을 해치지 않는다고
생각한다.

서울 북촌의 '안암'에서는 국밥의 신세계를 경험했다. 돼지고기
국밥에 고수가 들어가 있었는데, 이렇게 새로울 수가. 청양고추와
비름나물로 만든 오일이 아름답게 뿌려져 있어서 먹을 때마다

입 안이 풍만한 만족감으로 부풀었다. 라임과 채소를 함께 곁들여
먹는 제육도 입에 착착 붙어서 셰프의 센스에 감탄하며 한 점 한 점
음미했던 기억이 난다. 나는 무엇보다 국밥이라는 지극히 전통적인,
그리하여 새로울 것 없는 '올디즈 벗 구디즈(oldies but goodies)'가
과거에 머물지 않고 세대를 넘어 새로운 클래식으로 탄생될 수
있다는 점이 놀라웠다. 원형의 본질은 그대로 유지한 채 이국적인
식재료, 세련된 플레이팅을 더한 안암의 시그너처 국밥은 그야말로
오래됐지만 늙지 않는, 신선한 국밥이었다. 전통의 계승이란 건 바로
이런 걸 두고 하는 말이 아닐까. 구닥다리로 취급될 수 있는 과거의
문화도 얼마든지 나만의 언어와 해석을 통해 새롭고 근사하게
재탄생될 수 있다는 사실을 다시 한번 깨달은 순간이었다. 부디
이런 곳이 우리 곁에서 오래오래 머물러 주기를 바랄 뿐이다.

주린 배와 허전한 마음을 달래는 국밥처럼 한국인들의 영혼을
어루만져주는 음식은 흔치 않다. 뜨끈한 고깃국에 흰밥을 말고,
깍두기 하나 올리면 끝. 격식 없이 먹을 수 있기에 부담도 없다.
그러나 그것이 주는 감동은 무한대로 크다. 가슴속 심연 깊은 곳에
다다르는 한국인의 정이 거기에 있다고 생각한다. 참고로 대형 병원
구내 식당에서 나는 매번 우거지 국밥을 주문했던 것 같다. 한 숟갈
두 숟갈 뜨다 보면 춥고 불안한 마음이 천천히 아래로 가라앉는다.
믿고 따라해 보시길. 우리의 가장 연약한 순간에도 국밥은 자신의
몫을 해낸다. 국밥의 자기 효능감은 실로 대단하다.

조선의 국밥

"밥집에서 파는 국밥은 쇠고기와 야채가 들어간 국물을 부은
것이다. 커다란 솥에 소머리, 가죽, 뼈, 우족을 넣고 오랫동안 삶아
우려낸 국물을 별도의 작은 솥에 퍼 담아 간장으로 간을 맞추고,
고춧가루를 집어넣는다. 의사들의 말에 따르면 이 소머리 국물은
정말 좋은 것으로, 닭고기 국물이나 우유에 비할 바가 아니라고
한다. 커다란 솥을 연중 불 위에 걸어놓고 바닥을 비워 씻는 일
없이 매일 새 뼈로 바꾸어가며 물을 부어 끓여낸다. 이 국물,
즉 수프는 아주 푹 끓인 것으로, 매일 끓이기 때문에 여름에도
부패하지 않는다. 이것을 정제하면 아마 세계 어느 것과도 비교할
수 없는 자양제가 되고, 향후 병에 담아 한국 특유의 수출품으로
상용할 수 있을 것이다."

-우스다 잔운, 《조선만화》, 1909*

*《조선만화》 우스다 잔운 저, 김용의 역, 전남대학교출판문화원, 2012

귀여운 재료들

도쿄에 살 때는 주말마다 아오야마 파머스 마켓을 즐겨 찾았다. 전국의 고집 있는
농부와 소비자가 싱싱한 상품을 직거래할 수 있는 마켓이다. 신선한 무농약 유기농
채소, 계절 과일, 빵, 잼, 크래프트 맥주와 와인 등을 만나는 기쁨도 컸지만 생산자와
직접 소통하며 식재료에 대한 설명을 듣고, 먹는 방법을 공유할 수 있었던 것이 크나큰
즐거움이었다. 어느 날 그곳에서 다양한 종류의 피망을 만났다. 한창 코로나가 기승을
부리던 때. 장보기가 유일한 낙이었던 때. 내 곁에 귀엽고 건강한 식재료가 없었다면
견디기 어려웠을 시절이다. 한국에서도 곳곳에 마르쉐가 종종 열린다. 하지만 게릴라성
이벤트 말고, 주기적으로 진행되는 형태로 자리 잡았으면 좋겠다.

찬바람이 불면 오뎅

찬바람이 불기 시작하면 선반에
잠자고 있던 냄비를 꺼낸다. 오뎅을
할 시간이다(참고로 오뎅탕은 잘못된
표기법이고, 오뎅 자체가 요리 이름이다.
우리나라 말로는 어묵탕이 맞다). 무와
다시마, 멸치로 다시물을 내고 오뎅과 몇
가지 버섯, 홍고추, 쑥갓 정도만 있으면
된다. 간장은 많이 넣지 않아야 국물이
깨끗하다. 부족한 간은 소금과 멸치 액젓
정도로만.

시금치와 토마토

재료에도 궁합이 있다면 시금치와
토마토는 천생연분, 부창부수 같은 관계다.
겨울에 맛이 오르는 시금치는 토마토와
꼭 짝짓기를 해보자. 점심엔 주로 심플한
파스타를 해 먹는다. 토마토는 시금치의
부드러운 단맛에 산뜻하고 경쾌한 산미를
더해준다.

트리 대신 이케바나

연말에 커다란 트리를 하는 대신 나만의 이케바나를 한다. 소나무와 계절 꽃 등을 활용해서 좋아하는 그릇 위로 미니 트리를 만드는 것이다. 작은 오너먼트가 있으면 달아주고 시드는 꽃만 가끔 갈아준다. 그렇게 집에서 소소한 크리스마스를 즐긴다.

요리 실험실

밤이 길어지는 겨울에는 자정이 넘도록 부엌에서 꼼지락거린다. 저물어가는 한 해가 아쉬운 걸까. 글루바인, 핫 토디, 혹은 몸이 따뜻해지는 차 종류를 만들어 마시기도 하고. 묵혀둔 레시피로 이런저런 칵테일을 실험해보기도 한다. 어쩐지 붙잡고 싶은 날들이다.

새해 떡국

매해 새해가 되면 테이블 세팅을 흰색으로 한다. 한 해를 깨끗하게 시작하고픈 마음 때문이다. 양지를 사다가 정성스레 떡국을 끓이고 달걀 지단을 부쳐 송송 썬 대파와 함께 올린다. 김치 하나만 있어도 충분한 한 끼다.

Food & Groceries

1 이보노이토 소면

일본 3대 소면으로 알려진 브랜드. 가늘고 부드러운데 쫄깃한 면발이 특징이다.
요즘은 국내에서도 쉽게 구할 수 있다.

2 카야노야 오리지널 다시 스톡

후쿠오카의 대표적인 식료품 브랜드 카야노야의 다시 팩. 은은한 감칠맛이
좋아 국수, 국물 요리의 베이스로 많이 쓴다.

3 딜

요리할 때 즐겨 사용하는 허브. 손님을 초대할 때 딜, 오이, 바질, 레몬을 넣은
물을 대접하면 좋다.

4 바릴라 파스타 면

가장 좋아하는 이탈리아 면 브랜드. 스파게티 N. 5와 가장 가는 엔젤 헤어
N. 1을 제일 좋아한다. 일본에서는 이 브랜드의 면만 쓰는 레스토랑도 꽤 된다.

5 레몬

레몬과 생강이 들어간 따뜻한 레몬 생강물을 오랫동안 먹어 왔다. 요리에도
많이 쓰기 때문에 평상시 냉장고에 늘 있는 식재료이기도.

6 S&B 고형 카레

평소 각종 카레를 즐겨 만들어 먹는데, 간편하게 요리할 때 가장 좋아하는
브랜드다. 여기에 가람 마살라, 쿠민, 바질 잎, 캐슈너트 등을 추가하기도 한다.

7 나가타니엔 오차즈케용 후리카케

이것저것 귀찮을 때 먹기 좋은 오차즈케. 차 분말을 포함하고 있어 따끈한
밥 위에 물만 부으면 오차즈케를 완성할 수 있지만, 나는 주로 다시차즈케로
해 먹는다. 다시물을 내고 명란이나 생선 하나 구워서 올린 후 후리카케와
와사비를 넣으면 끝.

8 메이지야 야키노리 테마키용

도쿄 곳곳에 있는 고급 수퍼마켓 메이지야에서 구입할 수 있는 김. 손으로 먹는
김밥인 테마키에 쓸 수도 있고, 아보카도, 바질, 밥을 더해서 간단한 안주로
먹기도 한다.

9 시오콘부(염장한 다시마)

오이무침, 파스타, 샐러드, 주먹밥 등 일상 요리에 활용도가 높은 시오콘부.

10 모노하 쑥차

요즘 카페인이 없는 차에 빠졌다. 특히 쑥차는 몸을 따뜻하게 해주고 피로
회복에 좋다고 한다. 최근 발견한 모노하의 쑥차를 겨울과 봄 내내 마셨다.

11 가나자와산 금가루

우리 집 요리의 시그니처 재료인 금가루. 손님이 오면 와인이나 아이스크림에
살짝 뿌려서 낸다.

12 두영식품 콩가루

두피와 탈모에 좋다고 알려진 검은콩 가루는 대치동 은마상가의 두영식품에서
구입한다. 두유 1컵에 콩가루 2~3스푼, 꿀, 햄프씨드를 함께 타서 마신다.

13 동결 건조한 다진 생강

생강이 동결 건조되어 있어서 필요할 때마다 간편하게 쓸 수 있다.
마켓컬리에서 구입 가능하다.

14 햄프씨드

식물성 단백질이 풍부하고 심혈관, 뇌 건강에 좋다고 알려진 햄프씨드는 두유
혹은 샐러드에 넣어 먹는다.

15 타마루야 와사비

시즈오카현의 유서 깊은 와사비 전문점 타마루야에 방문한 이후로 이
브랜드의 와사비만 사 먹는다. 최근에는 국내 백화점이나 온라인에서도 쉽게
구매할 수 있다.

16 사토리 샤도네이 벨라비타노

김소영 아티장의 안단테 데이어리가 소개하는 치즈. 샤도네이 와인으로 숙성해
화사하고 신선한 산미, 바닐라의 풍미가 풍긴다.

17 모나카 깍지

모나카 깍지에 끼운 하겐다즈 바닐라 아이스크림은 우리 집의 시그너처
디저트다. 온라인숍 등에서 쉽게 구입할 수 있다.

18 토미즈 유즈코쇼

식료품점 토미즈에서 판매하는 유즈코쇼. 살짝 달짝지근하면서도 향긋한 유자
향이 요리의 킥이 되어준다.

19
20
21
22
23
24
25
26
27

19 닥터넛츠 프리미엄 골드 넛츠

낱개로 포장되어 있어 간편하게 먹을 수 있다. 두유에 넣어 갈아 먹거나 술
안주 등으로 즐겨 먹는다.

20 콘부노미즈시오(다시마 물소금)

평소 요리할 때 즐겨 사용하는 조미료. 간이 부족할 때 소량 뿌리면 부족했던
2%가 채워지는 느낌.

21 치도리 식초

300여 년의 역사를 가진 교토 무라야마 주조에서 생산하는 식초. 쌀과 숙성된
술 찌꺼기로 만들기 때문에 일반 식초보다 부드러운 맛과 자연스러운 향을
갖고 있다.

22 구왕식품 홍국장

좋아하는 요리를 만들 때 아껴 쓰는 대만 간장. 나쁜 콜레스트롤(LDL)을 낮추고
염증과 항암에 도움이 된다는 홍국쌀을 포함한 간장으로, 일반 진간장에
비해서 맛이 부드럽고 감칠맛이 좋다. 프레이머즈에서 구입 가능하다.

23 신슈 타케다 미소 된장

다양한 브랜드의 미소를 써본 결과, 내 입맛에 가장 잘 맞는 제품이다.
홋카이도산 콩과 아키타산 쌀을 사용해 만들었다. 단맛과 감칠맛의 조화가
좋아 일상적인 일본 요리에 즐겨 쓴다.

24 잼팟 잼

신선한 생과일과 유기농 비정제 설탕을 사용해 만드는 잼. 펙틴 같은 인공
성분이 들어가지 않아 농도가 묽고 개봉 후 유통기한도 짧은 편이다. 요거트,
에이드, 칵테일 등에 종종 넣어 먹는다.

25 S&B 스파이시 커리 파우더

카레를 만들 때 조금씩 넣어 사용하는 스파이시 커리 파우더. 강황, 코리앤더,
쿠민 등의 향신료가 풍부하게 들어가 있다.

26 오메팜 꿀

도쿄에서 태어난 무농약 식료품 브랜드 오메팜의 꿀. 가열 처리를 하지 않아
효소 등의 영양소가 그대로 살아 있다. 풍부한 향과 자연스러운 단맛을
선호하는 이에게 추천하고 싶다.

27 A. C. 퍼치스 티핸들 얼그레이 티

185년 이상의 유서 깊은 역사를 지닌 덴마크 티 브랜드의 얼그레이 티. 비 오는
날 즐겨 마시는데, 진하면서도 산뜻하고, 향긋한 여운이 있다. 찻잎을 곱게 간
후 복숭아에 꿀과 함께 뿌려 먹기도 한다.

28

29

30

31

32

28 스퀴드 피시소스

태국의 대표적인 피시소스로 멸치 액젓 대신 사용한다. 각종 국과 찌개, 소스
등 다양한 한국 요리에 적합한 만능 아이템이다.

29 분자 복분자주

고창 복분자 원액 100%를 전통 발효 공법으로 만든 묵직한 과실주. 진하고
달콤한 풍미와 부드러운 산미의 밸런스가 좋다. 육류에 잘 어울리는 맛으로,
고기를 재울 때도 즐겨 쓴다.

30 로컬스톡 유기농 잡곡

국내 농가에서 농약 없이 재배한 잡곡으로 소용량 종이팩에 포장되어 있어
신선하게 보관, 소비할 수 있다. 마켓컬리에서 구입 가능하다.

31 아그로몬테 토마토소스

가장 좋아하는 토마토소스 중 하나. 시칠리아산 체리 토마토를 사용해
새콤달콤한 풍미가 압도적으로 뛰어나다. 로스트 갈릭과 아라비아타 맛을
추천한다.

32 아사오카 유자 파우더

아사오카의 향신료는 투명한 병에 들어있어서 향과 색, 모양을 직접 확인할 수
있다는 점이 좋다. 동결 건조한 유자 껍질은 라면, 미소 시루, 디저트 등에 소량
넣어 풍미를 더한다.

Cutlery & Tools   316

Cutlery & Tools

1 글로벌 칼과 졸링겐 로버트허더 브레드나이프

다양한 칼 브랜드를 써봤지만 결론은 글로벌 칼이었다. 사이즈도, 쥐는 순간 착
감기는 그립감도 좋다. 빵칼은 로버트허더 하나로 해결.

2~3 옻칠 그릇

옻칠 그릇은 몇 개 소장하고 있으면 유용하다. 적재적소에 쓰면 플레이팅의
격이 올라간다.

4 다식 종이와 나무 종이

화과자나 튀김, 오니기리를 먹을 때 그릇 위에 까는 종이. 손님이 올 때
대접용으로 즐겨 쓴다.

5 빈티지 나이프

빈티지, 앤티크 마켓 등에서 사 모은 나이프. 사이즈와 생김새에 따라 다양한
요리에 사용한다.

6 카메노코 스폰지

질기고 탄탄한 주방 스폰지. 컬러별로 쟁여놓고 쓰는 몇 안 되는 아이템이다.

7 이솝 무라사키 아로마틱 인센스

요리 후 주방 주변에 인센스를 피워서 잡냄새를 잡고 환기를 시킨다. 개인적으로
비 오는 날에 더 잘 어울린다고 생각하는 향이다.

8 아스티에 드 빌라트 인센스 '아오야마'

일본 목조 주택의 향에서 날 법한 향. 인센스를 피울 땐 반드시 창문을
열어놓을 것.

9 이악 크래프트 수저받침 '쉘 레스트(shell rest)'

여름날의 해변에서 영감 받은 아름다움을 실버로 감싼 수저 받침.
선물용으로도 좋다.

11
12
13
14
15
16
17
18
19

11 각종 패브릭

국내외 브랜드와 앤티크 마켓 등지에서 구입한 패브릭은 식탁 플레이팅에 즐겨
사용한다.

12 무인양품 휴대용 버너

기본적으로는 인덕션을 쓰지만, 인덕션 사용이 안 되는 냄비가 있을 경우
휴대용 버너를 구비해놓는 것을 추천한다.

13 전골용 냄비

평소 갤러리 숍에서 열리는 도예 전시에 들러 마음에 드는 작가의 도구나
작품들을 모으는 편이다. 전골/찌개용 냄비는 일본에서 구입한 쿠보타 유키
작가의 작품.

14 대나무 & 짚풀 & 스틸 바구니

다양한 소재의 바구니는 식재료를 담아놓기 좋다. 독특한 형태나 모양을
모으는 편이다.

15 오히츠(초밥통)

갓 지은 밥의 수분을 조절하고, 찰진 상태를 유지시켜주는 밥통.

16 OPA 주전자

핀란드에서 가장 오래된 스테인레스 회사인 OPA의 '마리' 시리즈 주전자. 심플한
라인과 1~2인분 물을 끓이기에 좋은 사이즈가 마음에 든다.

17 소스용 냄비

아스카 주바 작가의 소스용 냄비. 동글동글 다정한 모양, 짚풀로 감싼 손잡이,
단단한 내구성이 돋보인다. 서촌의 모시에서 구입했다.

18 칵테일 도구들

도쿄의 주방거리 갓파바시에서 구입한 칵테일 도구들. 잠 못 드는 밤, 칵테일을
만들어 마시곤 한다.

19 화이트 리넨 클로스

20대 때부터 오랜 시간 모아온 화이트 리넨. 음식을 더욱 깨끗하고 단정하게
보이게 한다.

대나무 손잡이의 버터 나이프는 사브레 커틀러리, 옻칠 차시와 와사비
오로시 스크래퍼는 일본에서 구입한 것, 나머지는 모두 빈티지 실버
커틀러리. 전복 껍질은 버터를 낼 때 사용한다.

(왼쪽) 냄비 받침대, 차 거름망, 코스터, 머들러, 와인 스토퍼는 모두 일본에서
구입한 것, 편집숍 WOL에서 구입한 김동희 작가의 조약돌 유리 만쥬, 사각 유리
젓가락 받침, 깨갈이와 요리용 나무 젓가락은 일본에서 구입한 것. 다양한 모양과
사이즈의 나무 숟가락은 이악 크래프트에서 구입한 황경원 작가의 작품. 리빙
디자인 페어에서 구입한 금속 자석 오브제는 젓가락 받침으로 사용한다. 빈티지
& 앤티크 그림은 도쿄 오에도 앤티크 마켓에서 사 모은다.

(위) 돌과 산호는 여행 중 해변에서 모은 것들. 주로 젓가락 받침으로 사용한다.
작은 구멍이 뚫려 있으면 인센스 홀더로도 좋다.

생의 즐거움을
위하여

오래 전, 자기소개서 맨 처음 문장에 '나의 가장 큰 힘은
즐거움이다'라는 문장을 썼다. 한번은 친한 선배가 의아한 얼굴로
"넌 어떻게 즐거움만 쫓으며 사니?"라고 말한 적도 있다. 하지만
여전히 나는 노력이나 재능보다 즐거움이 한 사람의 생을 이끄는
가장 단단한 뿌리라고 생각한다. 안 그래도 시끄러운 세상, 일말의
즐거움마저 없다면 이 지리멸렬한 삶을 우리는 어떻게 버틸 수 있단
말인가. 내게 무언가를 오래 지속적으로 할 수 있는 가장 큰 힘은
즐거움이다. 즐거우면 힘들어도, 지겨워도, 질리지 않고 계속해서 할
수 있다. 이유 없이 사랑하는 마음 때문이다.

이 책은 요리를 사랑하는 에디터이자 작가가 오로지 순수한

즐거움과 호기심, 식탐만으로 부지런히 기록한 요리 에세이다.
아무리 즐거운 일을 해도 일은 일이고, 일하기 싫은 건 누구나
매한가지 마음 아닌가. 글 쓰고 콘텐츠 만드는 일을 업으로 삼고
있지만, 단언컨대 이 책만큼 즐거운 마음 하나만으로 쓴 적은
드물었다는 걸 고백한다. 그래서 책 안에는 음식과 요리에 관한
나의 흥겨움과 행복이 가득하다. 부디 그 순도 높은 마음이 독자
여러분에게도 전해졌으면 좋겠다.

살면서 우리는 종종 통제할 수 없는 상황에 맞닥뜨린다. 천재지변에
속수무책 당하는 인간의 나약함을 목격할 때, 사랑하는 사람이
어느 날 갑자기 인사 없이 세상을 떠날 때, 급변하는 사회적 혼란
속에서 길을 잃을 때, 그리고 정작 가장 아끼는 사람들이 마음에
생채기를 낼 때…. 일순간 사는 게 싫고 희미하고 또 무기력해진다.

나는 그런 때일수록 의무적으로라도 부엌 앞에 섰다. 나약한
마음을 요리에 기댔다고 하는 편이 더 정확할 것이다. 먹는 게
때론 목적이 됐다. 아플수록 더 잘 해 먹었다. 일이 바쁠수록
요리하는 시간을 꼭 사수하려고 노력했다. 그게 나를 버티게 해주는
동아줄임을 굳게 믿으며, 순간순간 나를 다독이고 아껴줬다.
그랬더니 마음의 주름이 하나둘 펴지는 느낌이 들었다. 컨디션은
더 좋아졌다. 운동을 열심히 했던 건 더 잘, 많이, 건강하게 먹기
위해서였다. 내 손으로 음식을 해 먹었더니 세상이 덜 어둡고, 더

맛있어졌다. 신기한 일이었다.

부엌에 서는 시간은 오롯이 혼자 보내는 시간이다. 재료와 나에게 집중하는 동시에, 내가 나에게 말을 거는 시간이기도 하다. 그 시간들이 쌓이고 쌓이다 보니 어느새 재료만 봐도 만들 수 있는 메뉴가 줄줄이 소시지처럼 따라왔다. 냉털 요리에 짜릿한 희열을 느끼게 됐다. 그러면서 나는 요리를 통해 조금씩 나를 치유하고 있었다. 부족한 나를 용기 있게 대면할 수 있게 됐다. 세상의 많은 불합리하고 속상하고 억울한 일들에 가랑잎처럼 힘없이 흔들리더라도, 그래도 조금은 의연하게 흘려보내고 받아들일 수 있게 됐다. 무엇보다 내가 나로 존재할 수 있다는 걸, 요리가 내게 알려주었다. 계급장, 지위 다 떼고 직접 만든 음식은 그 자체로 큰 만족감과 자존감을 채워주었다. 진심의 요리는 주변에도 가닿았다. 남편과 가족, 친구들은 내가 만들어준 것을 귀히 여기고 맛있게 먹어주었다. 거기서 받은 에너지는 또 나의 하루를 살 만한 것으로, 맛깔나는 시간으로 채워주었다. 이 긍정적 순환이 삶을 '그럼에도 살 만한 것'으로 이어주었다. 산다는 건 꼭 남을 이기고, 대단한 걸 성취하거나, 이름을 날리는 데만 있지 않다. 주어진 선물 같은 하루를 그냥 나로서 잘 살아내는 것, 그것으로 충분하다는 걸 보통의 집밥이 알려준 셈이다.

경쟁과 속도에 내몰린 지금의 현대인에게 요리를 만드는 시간이란

귀찮고도 하찮게 여겨지기도 한다. 누군가는 요리가 아닌 다른
무언가에서 나와 같은 즐거움을 누릴 수도 있다. 요리를 강요하는
것은 아니다. 다만 그저 우리가 좋아하는 음식에 대해 읽으면서
각자의 추억을 되새기고, 배경이나 문화를 접하며 더 잘 이해하게
되고, 우리를 둘러싼 말없는 생명체들의 색과 향, 소리에 귀 기울일
수 있다면 일상이 조금은 더 알록달록해지지 않을까 하는 바람이
있다. 그리고 마음이 헛헛한 날, 맛있는 음식을 먹고 기운 차린
기억이 있다면 그 마음을 주변의 소중한 사람에게 나누고 베푸는
여유를 가져볼 수 있지 않을까. 그리하여 이 책을 통해 계절의
감각, 맛의 즐거움, 생의 숨겨진 아름다움을 마주할 수 있다면 나는
더없이 기쁠 것이다.

이 책의 출간을 위해 많은 분들의 도움이 있었다. 먹는 것에
관해서는 아끼지 않았던 부모님, 13년 동안 나와 함께 세상
이곳저곳에서 부지런히 먹고 마신 남편, 나의 첫 요리 선생님 이구치
민에게 진심 어린 감사의 인사를 건네고 싶다. 식당에서 만난 일본과
한국의 많은 셰프님들에게도 존경의 마음을 표한다. 위의 분들
덕택에 음식의 귀함을 알게 됐고, 요리하는 시간이 더없이 즐겁고
행복했다. 마지막으로 오랜 시간 나의 요리 이야기를 흥미롭게
봐주고 책의 완성까지 응원과 조언을 아끼지 않은 한스미디어
이나리 편집자님의 노고에도 감사함을 전한다.

모두의 더 즐겁고 건강한 생을 위하여,

2025년 봄의 식탁에서
이민경

ERTRAM'S MAGIC
RECIPES
for the
ELECTRIC BLENDER

식탁의 장면들

1판 1쇄 인쇄 • 2025년 7월 21일
1판 1쇄 발행 • 2025년 7월 31일

지은이 • 이민경
펴낸이 • 김기옥

라이프스타일팀장 • 이나리
편집 • 장윤선, 김민주
마케터 • 이지수
지원 • 고광현, 김형식

사진 • 장수인, 이민경
디자인 • 형태와내용사이
인쇄 • 민언프린텍
제본 • 우성제본

펴낸곳 • 한스미디어(한즈미디어(주))

주소 • 121- 839 서울시 마포구 서교동 양화로 11길 13(서교동, 강원빌딩 5층)
전화 • 02-707-0337 팩스 • 02-707- 0198 홈페이지 • www.hansmedia.com
출판신고번호 • 제2017- 000003호 신고일자 • 2017년 1월 2일

ISBN 979-11-94777-32-8 (03590)